U0323193

普通高等教育"十三五"规划教材

金属材料加工专业
实验教程

主　编　王　文
副主编　朱晓雅　王庆娟

北　京
冶金工业出版社
2020

内 容 提 要

本书分5部分,共45个实验,主要包括金属学、金属材料热处理、材料力学性能、材料物理性能、材料分析检测技术、金属表面工艺学、金属塑性工艺学等材料成型及控制工程专业主要课程和基础实验。实验内容按照材料科学基础实验、材料现代分析测试实验、材料性能测试实验、材料制备与塑性成型实验以及综合性拓展实验5个模块进行编排,实验设置紧密配合材料成型及控制工程专业课程教学,从而达到理论与实践相结合的目的,实验内容以全面培养学生的创新实践能力和科学研究能力为宗旨。

本书可作为金属材料工程、材料成型及控制工程、材料学、材料物理化学等相关专业本科生系列课程实验教学的教材,也可供材料科学与工程专业的研究生、相关教师和专业技术人员参考。

图书在版编目(CIP)数据

金属材料加工专业实验教程／王文主编 . —北京:
冶金工业出版社,2020.1
普通高等教育"十三五"规划教材
ISBN 978-7-5024-8386-9

Ⅰ.①金… Ⅱ.①王… Ⅲ.①金属加工—实验—高等学校—教材 Ⅳ.①TG-33

中国版本图书馆 CIP 数据核字(2020)第 010546 号

出 版 人 陈玉千
地 址 北京市东城区嵩祝院北巷39号 邮编 100009 电话 (010)64027926
网 址 www.cnmip.com.cn 电子信箱 yjcbs@cnmip.com.cn
责任编辑 于昕蕾 美术编辑 郑小利 版式设计 禹 蕊
责任校对 李 娜 责任印制 李玉山
ISBN 978-7-5024-8386-9
冶金工业出版社出版发行;各地新华书店经销;三河市双峰印刷装订有限公司印刷
2020年1月第1版,2020年1月第1次印刷
169mm×239mm;14.25印张;276千字;220页
36.00元
冶金工业出版社 投稿电话 (010)64027932 投稿信箱 tougao@cnmip.com.cn
冶金工业出版社营销中心 电话 (010)64044283 传真 (010)64027893
冶金工业出版社天猫旗舰店 yjgycbs.tmall.com
(本书如有印装质量问题,本社营销中心负责退换)

前　言

　　金属材料加工专业实验是材料成型及控制工程专业的一门专业必修实验课，该课程是实践教学及实现素质教育和创新人才培养的重要环节，对培养学生实验技能、创新能力和综合研究能力起到十分重要的作用。通过该课程的学习，使学生真正掌握本学科坚实的实践技能，培养学生的动手能力、科学思维和工程意识，掌握材料加工工程的基本实验研究技能，培养和提高学生进行生产实践及科学研究的综合素质。为了使实验教学既与课程相关联，又有实验教学的独特性和针对性，并能满足开放实验对教学的要求，我们编写了本实验教材。

　　本实验教材以材料成型及控制工程专业典型实验为基础，主要包括塑性加工力学、金属塑性加工学、压力加工设备、金属熔炼与铸锭、挤压与拉拔、材料力学性能、材料分析检测技术、检测技术等课程的常规实验和综合性拓展实验。本实验教材可作为材料成型及控制工程专业系列课程实验的教材，也可供本专业研究生、有关教师及相关专业技术人员参考。

　　本实验教材由西安建筑科技大学冶金工程学院材料加工实验室教师编写。参加编写的人员有王文、朱晓雅、王庆娟、王快社、杨蕾、乔柯、罗雷、牛文娟、何晓梅、张兵。本实验教材在编写过程中，参考了西安建筑科技大学冶金工程学院材料成型及控制工程系所用的实验指导书、兄弟院校的实验教材及相关著作。本教材的出版得到了西安建筑科技大学冶金工程学院的大力支持，谨此一并深表谢意。

　　由于编者水平有限，书中有不妥之处，恳请广大师生和读者指正。

编　者

2019 年 8 月

目　　录

第一部分

材料科学基础实验

实验1　金相显微镜的构造与使用实验

一、实验目的

(1) 了解金相显微镜的光学原理；
(2) 掌握常用显微镜的构造及使用方法。

二、实验原理

利用金相显微镜观察金相试样的组织或缺陷的方法称为金相显微分析。它是研究金属材料微观结构最基本的一种实验技术，在金属材料研究领域中占有很重要的地位。

在现代金相显微分析中，使用的主要仪器有光学显微镜和电子显微镜。这里仅对常用的光学金相显微镜做一般介绍。

(一) 显微镜的基本原理

最简单的显微镜可以仅由两个透镜组成。图1-1为金相显微镜成像的光学原理示意图。图中 AB 为被观察的物体，对着被观察物体的透镜 O_1 叫物镜；对着人眼的透镜 O_2 叫目镜。物镜使物体 AB 形成放大的倒立实像 $A'B'$，目镜再将 $A'B'$ 放大成仍然倒立的虚像 $A''B''$。其位置正好在人眼的明视距离（约250mm）处。在显微镜中所观察的就是这个虚像 $A''B''$。

1. 显微镜的放大倍数

放大倍数由下式确定：

$$M = M_物 \times M_目 = \frac{L}{F_1} \times \frac{D}{F_2} \tag{1-1}$$

式中　M——显微镜总放大倍数；

　　　$M_物$——物镜的放大倍数；

　　　$M_目$——目镜的放大倍数；

　　　F_1——物镜的焦距；

　　　F_2——目镜的焦距；

　　　L——显微镜的光学镜筒长度；

　　　D——明视距离（250mm）。

由上式可知，F_1、F_2 越短或 L 越长，则显微镜的放大倍数越大。

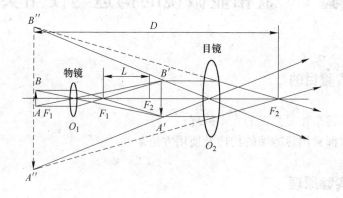

图 1-1　成像光学原理图

2. 物镜的鉴别率

　　物镜的鉴别率是指物镜能清晰分辨试样两点间最小距离的能力。物镜鉴别率的数学公式为

$$d = \frac{\lambda}{2A} \tag{1-2}$$

式中　d——物镜的鉴别率；

　　　λ——入射光源的波长；

　　　A——物镜的数值孔径，它表示物镜的聚光能力。

　　由上式可知，波长 λ 越短，数值孔径 A 越大，则鉴别能力就越高（d 越小），在显微镜中就能看到更细微的部分。数值孔径 A 可由下列公式求出：

$$A = \eta \sin\varphi \tag{1-3}$$

式中　η——物镜与物体之间介质的折射率；

　　　φ——物镜孔径角的一半，即通过物镜边缘的光线与物镜轴线所成的角度。

η 越大或物镜孔径角越大，则数值孔径越大，由于 φ 总是小于 $90°$，所以在空气介质（$\eta=1$）中使用时，数值孔径 A 一定小于 1，这类物镜称干系物镜。当物镜上面滴有松柏油介质（$\eta=1.52$）时，A 值最高可达 1.4，这就是显微镜在高倍观察时用的油系物镜，每个物镜都有一个设计额定的 A 值，刻在物镜体上。

3. 显微镜的有效放大倍数

由 $M = M_{目} \times M_{物}$ 可知，显微镜的同一放大倍数可由不同倍数的物镜和目镜来组合。如 45 倍的物镜乘以 10 倍的目镜或者 15 倍的物镜乘以 30 倍的目镜都是 450 倍。对于同一放大倍数，如何合理选用物镜和目镜呢？应先选物镜，一般原则是使显微镜的放大倍数在该物镜数值孔径的 $500 \sim 1000$ 倍，即 $M = 500A \sim 1000A$ 这个范围称为显微镜的有效放大倍数范围，若 $M < 500A$，则未能充分发挥物镜的鉴别率，若 $M > 1000A$，则形成"虚伪放大"，组织的细微部分将分辨不清。待物镜选定后，再根据所需的放大倍数选用目镜。

4. 景深

景深即垂直鉴别率，反映了显微镜对于高低不同的物体能清晰成像的能力。

$$景深 = \frac{1}{7M\sin R} + \frac{\lambda}{2n\sin R} \tag{1-4}$$

式中　M——放大倍数；

　　　R——半孔径角；

　　　λ——波长；

　　　n——介质折射率。

由上式可知，n、R 越大，景深越小；物距增加，景深增加。在进行断口分析时，为获得清晰的断口凹凸图像，景深不能太小。

5. 透镜的几何缺陷

单色光通过透镜后，由于透镜表面呈球形，光线不能交于一点，则使放大后的像模糊不清，此现象称球面像差。

多色光通过透镜后，由于折射率不同，使光线不能交于一点也会造成模糊图像，此现象称色像差。

减小球面像差的办法：可通过制造物镜时采用不同透镜组合进行校正；调整孔径光阑，适当控制入射光束等办法降低球面像差。

减小色像差办法：可通过物镜进行校正或采用滤色片获得单色光的办法降低色像差。

（二）显微镜的构造

图1-2 为不同形式的金相显微镜的基本构造及光学行程。

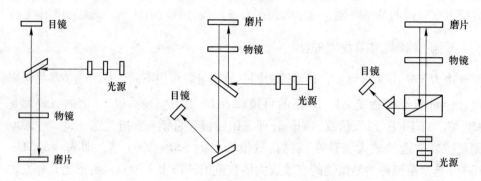

图1-2　金相显微镜的基本构造及光学行程

金相显微镜分为台式、立式及卧式三种类型，各种类型又有许多不同的型号。虽然显微镜的型号很多，但基本构造大致相同，现以国产 4X 型金相显微镜为例说明其结构和成像原理。

图1-3 是上海光学仪器厂生产的台式金相显微镜的光学系统图。自灯泡 1 发出一束光线，经过聚光透镜组 2 的会聚及反光镜 8 的反射，将光线均匀地聚集在孔径光阑 9 上，随后经聚光镜 3 再度将光线聚焦在物镜组 6 的后面，最后光线通过物镜而使物体表面得到照明。从物体反射回来的光线又通过物镜和辅助透镜 5，由半反射镜 4 反射后，在经过辅助透镜 11 及棱镜 12、13 等一系列光学元件构成一个倒立放大的实像。但这一实像还必须经过目镜 14 的再度放大，这样观察者就能从目镜中看到物体表面被放大的像。显微镜各零件的实物图见图1-4。

三、实验设备及材料

（1）双目倒置式 4XB – Ⅱ 金相显微镜；
（2）工业纯铁金相样品。

四、实验方法及步骤

（1）每人领取一个实验室制备好的纯铁样品，分别在指定的显微镜上进行观察，学会调焦、选用合适的孔径光阑和视场光阑、确定放大倍数及移动载物台的方法。
（2）选用不同的物镜，不同大小的孔径光阑和视场光阑，对样品的同一部

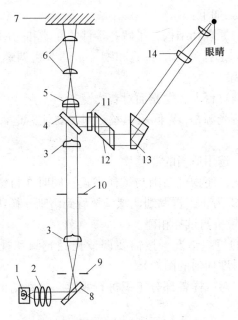

图 1-3　4X 型金相显微镜的光学系统

1—灯泡；2—聚光透镜组；3—聚光镜；4—半反射镜；5，11—辅助透镜；

6—物镜组；7—试样；8—反光镜；9—孔径光阑；10—视场光阑；

12，13—棱镜；14—目镜

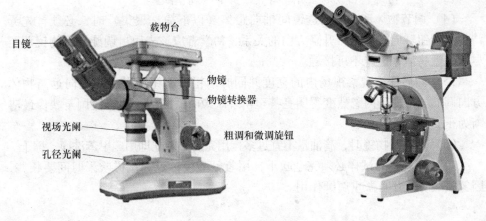

图 1-4　金相显微镜

分进行观察，分析影响分辨率的因素，并与实验室内陈列的分辨率与数值孔径、光阑之间关系的照片对照。

（3）描绘观察到的显微组织。

（4）金相显微镜是一种比较精密的仪器，使用时必须严格按照操作注意事项进行，具体操作步骤如下：

1）熟悉显微镜的原理和结构，了解各零件的性能和功用。

2）按观察要求，选择适当的目镜和物镜，调节粗调螺丝，将载物台升高，取下目镜盖，装上目镜。

3）将试样放在载物台上，抛光面对着物镜。

4）接通电源，若光源是 6V 低压钨丝灯泡，要注意电源须经降压变压器再接入灯泡。

5）按观察要求，选用适当的滤色片。

6）调节粗调螺丝，使物镜渐渐与试样靠近，同时在目镜中观察视场由暗到明，直到看到显微组织为止，再调细调螺丝至看到清晰显微组织为止。注意调节时要缓慢些，切勿使镜头与试样相碰。

7）根据观察到的组织情况，按需要调节孔径光阑和视场光阑到适当位置（使获得组织清晰、衬度均匀的图像）。

8）移动载物台，对试样各部分组织进行观察，观察结束后切断电源，将金相显微镜复原。

使用显微镜时应注意的事项如下：

（1）操作者的手必须洗净擦干，并保持环境的清洁、干燥。

（2）用低压钨丝灯光作光源时，接通电源必须通过变压器，切不可误接在220V 电源上。

（3）更换物镜、目镜时要格外小心，严防失手落地。

（4）调节物体和物镜前透镜间轴向距离（以下简称聚集）时，必须首先弄清粗调旋钮转向与载物台升降方向的关系，初学者应该先用粗调旋钮将物镜调至尽量靠近物体，但绝不可接触。

（5）然后仔细观察视场内的亮度并同时用粗调旋钮缓慢将物镜向远离物体方向调节。待视场内忽然变得明亮甚至出现映像时，换用微调旋钮调至映像最清晰为止。

（6）用油系物镜时，滴油量不宜过多，用完后必须立即用二甲苯洗净，擦干。

（7）待观察的试样必须完全吹干，用氢氟酸浸蚀过的试样吹干时间要长些，因氢氟酸对镜片有严重腐蚀作用。

五、实验报告要求

（1）说明显微镜的构造、光路图及成像原理；

（2）简述操作显微镜的过程及注意事项；

（3）讨论影响金相显微镜分辨率的因素。

实验 2　金相试样的制备实验

一、实验目的

（1）初步掌握制备金相样品的常规方法及要点；

（2）了解影响制样质量的因素及金相特征；

（3）进一步熟悉金相显微镜的操作和使用。

二、实验原理

随着科学技术的发展，研究金属材料内部组织的手段不断增加。但是光学金相显微分析仍是一种最基本和最常用的方法。

光学金相显微分析的第一步是制备试样，将待观察的试样表面磨制成光亮无痕的镜面，然后经过浸蚀才能分析组织形态。试样制备不当，出现划痕、凹坑、水迹、变形层或浸蚀过深过浅都会影响正确的分析。因此制备出高质量的试样对组织分析是很重要的。

金相试样制备过程一般包括取样、粗磨、细磨、抛光和浸蚀五个步骤。

（一）取样

从需要检测的金属材料和零件上截取试样称为"取样"。取样的部位和磨面的选择必须根据分析要求而定。截取方法有多种，对于软材料可以用锯、车、刨等方法；对于硬材料可以用砂轮切片机或线切割机等切割的方法，对于硬而脆的材料可以用锤击的方法。无论用哪种方法都应注意，尽量避免和减轻因塑性变形或受热引起的组织失真现象。试样的尺寸从便于握持和磨制角度考虑，一般直径或边长为 $15 \sim 20\text{mm}$，高为 $12 \sim 18\text{mm}$ 比较适宜，对那些尺寸过小、形状不规则和需要保护边缘的试样，可以采取镶嵌或机械夹持的办法，如图 2-1 所示。

金相试样的镶嵌，是利用热塑性塑料（如聚氯乙烯）、热固性塑料（如胶木粉）以及冷凝性塑料（如环氧树脂 + 固化剂）作为填料进行的。前两种属于热镶填料，热镶必须在专用设备——镶嵌机上进行。第三种属于冷镶填料，冷镶方法不需要专用设备，只将适宜尺寸（$\phi 15 \sim 20\text{mm}$）的钢管、塑料管或纸壳管放在平滑的塑料（或玻璃）板上，试样置于管内，待磨面朝下倒入填料，放置一段时间凝固硬化即可。

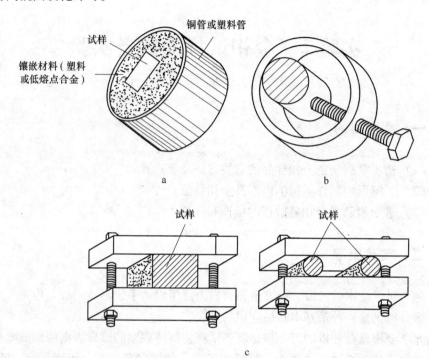

图 2-1　镶嵌及夹持试样
a—镶嵌试样；b—环形夹具夹持试样；c—平板夹具夹持试样

（二）粗磨

粗磨的目的主要有以下三点：

（1）修整。有些试样，例如用锤击法敲下来的试样，形状很不规则，必须经过粗磨，修整为规则形状的试样。

（2）磨平。无论用什么方法取样，切口往往不十分平滑，为将观察面磨平，同时去掉切割时产生的变形层，必须进行粗磨。

（3）倒角。在不影响观察目的的前提下，需将试样上的棱角磨掉，以免划破砂纸和抛光织物。

黑色金属材料的粗磨在砂轮机上进行，具体操作方法是将试样牢牢地捏住，用砂轮的侧面磨制。在试样与砂轮接触的一瞬间，尽量使磨面与砂轮面平行，用力不可过大。由于磨削力的作用往往出现试样磨面的上半部分磨削量偏大，故需人为地进行调整，尽量加大试样下半部分的压力，以求整个磨面均匀受力。另外在磨制过程中，试样必须沿砂轮的径向往复缓慢移动，防止砂轮表面形成凹沟。必须指出的是，磨削过程会使试样表面温度骤然升高，只有不断地将试样浸水冷却，才能防止组织发生变化。

砂轮机转速比较快，一般为 2850r/min，工作者不应站在砂轮的正前方，以防被飞溅物击伤。操作时严禁戴手套，以免手被卷入砂轮机。

关于砂轮的选择，一般是遵照磨硬材料选稍软些的，磨软材料选择稍硬些的基本原则，用于金相制样方面的砂轮大部分是：磨料粒度为 40 号、46 号、54 号、60 号（数字越大越细）；材料为白刚玉（代号为 GB 或 WA）、绿碳化硅（代号为 TL 或 GC）、棕刚玉（代号为 GZ 或 A）和黑碳化硅（代号为 TH 或 C）等；硬度为中软 1（代号为 ZR1 或 K）的平砂轮，尺寸（外径×厚度×孔径）多为 250mm×25mm×32mm。

有色金属，如铜、铝及其合金等，因材质很软，不可用砂轮而是要用锉刀进行粗磨，以免磨屑填塞砂轮孔隙，且使试样产生较深的磨痕和严重的塑性变形层。

（三）细磨

粗磨后的试样，磨面上仍有较深的磨痕，为了消除这些磨痕必须进行细磨。细磨可分为手工磨和机械磨两种。

1. 手工磨

手工磨是将砂纸铺在玻璃板上，左手按住砂纸，右手捏住试样在砂纸上做单向推磨。金相砂纸由粗到细分许多种，其规格可参考表 2-1。

表 2-1　常用金相砂纸的规格

砂纸序号	240	300	400	600	800	1000	1200
粒度	160	200	280	400	600	800	1000
编号	01		02	03	04	05	06

用砂轮粗磨后的试样，要依次由 01 号磨至 05 号（或 06 号）。操作时必须注意：

（1）加在试样上的力要均匀，使整个磨面都能磨到。

（2）在同一张砂纸上磨痕方向要一致，并与前一道砂纸磨痕方向垂直。待前一道砂纸磨痕完全消失时才能换用下一道砂纸。

（3）每次更换砂纸时，必须将试样、玻璃板清理干净，以防将粗砂粒带到细砂纸上。

（4）磨制时不可用力过大，否则一方面因磨痕过深增加下一道磨制的困难，另一方面因表面变形严重影响组织真实性。

（5）砂纸的砂粒变钝磨削作用明显下降时，不再继续使用，否则砂粒在金属表面产生的滚压会增加表面变形。

（6）磨制铜、铝及其合金等软材料时，用力更要轻，可同时在砂纸上滴些煤油，以防脱落砂粒嵌入金属表面。

砂纸磨光表面变形层消除过程如图 2-2 所示。

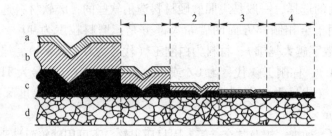

图 2-2　砂纸磨光表面变形层消除过程示意图

a—严重变形层；b—变形较大层；c—变形微小层；d—无变形原始组织

1—第一步磨光后试样表面的变形层；2—第二步磨光后试样表面的变形层；

3—第三步磨光后试样表面的变形层；4—第四步磨光后试样表面的变形层

用金相水砂纸手工磨制时可加水也可以干磨。但是在干磨过程中，脱落的砂粒和金属磨屑留在砂纸上，随着移动的试样来回滚动，砂粒间的相互挤压以及金属屑粘在砂纸缝隙中，都会使砂纸磨削寿命减短，试样表面变形层严重，摩擦生热还可能引起组织变化。为克服干磨的弊端，目前多采用手工湿磨的方法，所用砂纸是水砂纸，其规格可参考表 2-1。

用水砂纸手工磨制的操作方法和步骤与用金相砂纸磨制完全一样，只是将水砂纸置于流动水下边冲边磨，由粗到细依次更换数次，最后磨到 1000 号或 1200 号砂纸。因为水流不断地将脱落砂粒、磨屑冲掉，砂纸的磨削寿命较长。实践证明试样磨制的速度快、质量高，有效地弥补了干磨的不足。

2. 机械磨

目前普遍使用的机械磨设备是预磨机。电动机带动铺着水砂纸的圆盘转动，磨制时，将试样沿圆盘的径向来回移动，用力要均匀，边磨边用水冲。水流既起到冷却试样的作用，又可借助离心力将脱落砂粒、磨屑等不断冲到转盘边缘。机械磨的磨削速度比手工磨制快得多，但平整度不够好，表面变形层也比较严重。因此要求较高的或材质较软的试样应该采用手工磨制。机械磨所用水砂纸规格与手工湿磨相同，可参考表 2-1。

（四）抛光

抛光的目的是去除细磨后遗留在磨面上的细微磨痕，得到光亮无痕的镜面。抛光的方法有机械抛光、电解抛光和化学抛光三种，其中最常用的是机械抛光。

1. 机械抛光

机械抛光在抛光机上进行，将抛光织物（粗抛常用帆布，精抛常用毛呢）用水浸湿、铺平、绷紧、固定在抛光盘上。启动开关使抛光盘逆时针转动，将适量的抛光液（氧化铝、氧化铬或氧化铁抛光粉加水的悬浮液）滴洒在盘上即可进行抛光，抛光时应注意：

（1）试样沿盘的径向往返缓慢移动，同时逆抛光盘转向自转，待抛光快结束时作短时定位轻抛。

（2）在抛光过程中，要经常滴加适量的抛光液或清水，以保持抛光盘的湿度，如发现抛光盘过脏或带有粗大颗粒时，必须将其冲刷干净后再继续使用。

（3）抛光时间应尽量缩短，不可过长，为满足这一要求可分粗抛和精抛两步进行。

（4）抛有色金属（如铜、铝及其合金等）时，最好在抛光盘上涂少许肥皂或滴加适量的肥皂水。

机械抛光与细磨本质上都是借助磨料尖角锐利的刃部，切去试样表面隆起的部分，抛光时，抛光织物纤维带动稀疏分布的极微细的磨料颗粒产生磨削作用，将试样抛光。

目前，人造金刚石研磨膏（最常用的有 W0.5、W1.0、W1.5、W2.5 和 W3.5 五种规格的溶水性研磨膏）逐渐代替抛光液，并得到日益广泛的应用，用极少的研磨膏均匀涂在抛光织物上进行抛光，抛光速度快，质量也好。

2. 电解抛光

电解抛光原理如图 2-3 所示，阴极用不锈钢板制成，试样本身为阳极，两者同处于电解抛光液中，接通回路后在试样表面形成一层高电阻膜。由于试样表面高低不平，膜的厚薄也不同。试样表面凸起部分，因电阻小，电流密度大，金属溶解速度快，膜薄。相对而言，凹下部分溶解速度慢，这种选择性溶解结果，膜厚，使试样表面逐渐平整，最后形成光滑平面。

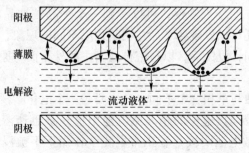

图 2-3　电解抛光原理示意图

电解抛光为电化学溶解过程，因此它消除了机械抛光难以避免的疵病，不会引起试样表面变形。与机械抛光比较既省时间又操作简便。然而电解抛光也有其局限性，因其对材料化学成分不均匀的偏析组织以及非金属夹杂物等比较敏感，会造成局部强烈浸蚀而形成斑坑。另外镶嵌在塑料内的试样，因不导电也不适用。故目前仍然以机械抛光为主。

铜合金、铝合金、奥氏体不锈钢及高锰钢等材料常用电解抛光。

3. 化学抛光

化学抛光是依靠化学试剂对试样表面凹凸不平区域的选择性溶解作用将磨痕去除的一种方法。化学抛光不需要专用设备，成本低，操作方便，在抛光的同时还兼有化学浸蚀作用，省掉了抛光后的浸蚀步骤。但化学抛光的试样平整度略差些，仅适于低、中倍观察。

对于一些软金属，如锌、铅、锡、铜等，实践证明，利用化学抛光要比机械抛光和电解抛光效果好。目前，其应用范围在逐渐扩大。

化学抛光液，大多数是由酸或者混合酸（如草酸、磷酸、铬酸、醋酸、硝酸、硫酸、氢氟酸等）、过氧化氢及蒸馏水组成。混合酸主要起化学溶解作用，过氧化氢能增进金属表面的活化性，有助于化学抛光的进行，而蒸馏水为稀释剂。

（五）浸蚀

抛光后的试样在金相显微镜下观察，只能看到光亮的磨面，如果有划痕、水迹或物料中的非金属夹杂物、石墨以及裂纹等也可以看出来，但是要分析金相组织还必须进行浸蚀。

浸蚀的方法有多种，最常用的是化学浸蚀法，利用浸蚀剂（表2-2）对试样的化学溶解和电化学浸蚀作用将组织显露出来。纯金属（或单相均匀固溶体）的浸蚀基本上为化学溶解过程。位于晶界处的原子和晶粒内部原子相比，自由能较高，稳定性较差，故易受浸蚀形成凹沟，晶粒内部被浸蚀程度较轻，大体上仍保持原抛光平面。在明场下观察，可以看到一个个晶粒被晶界（黑色网络）隔开。如浸蚀较深，还可以发现各个晶粒明暗程度不同的现象，这是因为每个晶粒原子排列的位向不同，浸蚀后，以最密排面为主的外露面与原抛光面之间倾斜程度不同。

两相合金的浸蚀与单相合金不同，它主要是一个电化学浸蚀过程。在相同的浸蚀条件下，具有较高负电位的相（微电池阳极）被迅速溶解凹陷下去；具有较高正电位的相（微电池阴极）在正常电化学作用下不被浸蚀，保持原有的光滑平面，结果产生了两相之间的高度差。多相合金的浸蚀，同样也是一个电化学溶解过程，原理与两相合金相同。

表 2-2 常用的化学浸蚀剂

序号	浸蚀剂名称	成 分	适用范围	使用要点
1	硝酸酒精溶液	硝酸 1～5mL 酒精 100mL	碳钢及低合金钢的组织显示	硝酸含量按材料选择，浸蚀数秒钟
2	苦味酸酒精溶液	苦味酸 2～10g 酒精 100mL	对钢铁材料的细密组织显示较清晰	浸蚀时间自数秒钟至数分钟
3	苦味酸盐酸酒精溶液	苦味酸 1～5g 盐酸 5mL 酒精 100mL	显示淬火及淬火回火后钢的晶粒和组织	浸蚀时间较上例为快些，约数秒钟至1min
4	苛性钠苦味酸水溶液	苛性钠 25g 苦味酸 2g 水 100g	钢中的渗碳体染成暗黑色	加热煮沸浸蚀5～30min
5	氯化铁盐酸水溶液	氯化铁 5g 盐酸 50g 水 100g	显示不锈钢、奥氏体高镍钢、铜及铜合金组织	浸蚀至显现组织
6	王水甘油溶液	硝酸 10mL 盐酸 20～30mL 甘油 30mL	显示奥氏体镍铬合金等组织	先用盐酸与甘油充分混合，然后加入硝酸，试样浸蚀前先用热水预热
7	氨水双氧水溶液	氨水（饱和） 50mL 3% 双氧水溶液 50mL	显示铜及铜合金组织	配好后，马上使用棉花蘸擦
8	氯化铜氨水溶液	氯化铜 8g 氨水（饱和） 100mL	显示铜及铜合金组织	浸蚀 30～50s
9	混合酸	氢氟酸（浓） 1mL 盐酸 1.5mL 硝酸 2.5mL 水 95mL	显示硬铝组织	浸蚀 10～20s 或用棉花蘸擦
10	氢氟酸水溶液	氢氟酸（浓） 0.5mL 水 99.5mL	显示一般铝合金组织	用棉花擦拭
11	苛性钠水溶液	苛性钠 1g 水 90mL	显示铝及铝合金组织	浸蚀数秒钟

化学浸蚀的方法虽然很简单，但是只有认真对待才能制备出高质量的试样，将抛光后的试样用水冲洗同时用脱脂棉擦净磨面，然后吸水纸吸去磨面上过多的水，吹干后用显微镜检查磨面上是否有划痕、水迹等。同时证明未经过浸蚀的试

样是无法分析组织的，经检查后合格的试样可以放在浸蚀剂中，抛光面朝上，不断观察表面颜色的变化（浸蚀法）。也可以用沾有浸蚀剂的棉花轻轻擦拭抛光面，观察表面颜色的变化（擦蚀法）。待试样表面被浸蚀得略显灰暗时即刻取出，用流水冲洗后在浸蚀面上滴些酒精，再用滤纸吸去过多的水和酒精，迅速用吹风机吹干，完成整个制备试样的过程。图2-4为浸蚀显示原理示意图。

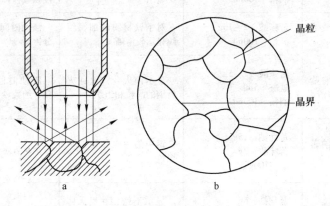

图2-4　浸蚀显示原理示意图
a—晶界处光线的散射；b—组织显示

　　直射光反映为亮色晶粒，散射光反映为晶界。关于浸蚀剂的选择可参考有关文献。钢及铸铁等黑色金属最常用的浸蚀剂为4%硝酸酒精溶液。

　　浸蚀后的试样在显微镜下观察时，如发现表面变形层严重影响组织的清晰度时，可采取反复抛光、浸蚀的办法去除变形层。

三、实验设备及材料

（1）金相显微镜；

（2）金相试样；

（3）砂纸每人一套；

（4）玻璃板每人一块；

（5）金相试样抛光机；

（6）脱脂棉、抛光剂、吹风机、酒精、硝酸酒精溶液。

四、实验方法及步骤

　　金相试样的制备包括取样、磨制、抛光、浸蚀四个步骤。制备好的试样应能观察到真实组织、无磨痕、水迹。

（1）取样：取样的部位和磨面应根据检验目的选取具有代表性的部位。例如，检验表面脱碳层的厚度应取横向截面，观察纵裂纹就要取纵向截面。试样的截取方法很多，例如用手锯、机床截取、线切割等，但必须注意的是在取样过程中要防止试样受热或变形而引起的组织变化，破坏了其组织的真实性。为防止受热可在截取过程中用冷却液冷却试样。金相试样的尺寸要便于手握持和易于磨制，常用的试样尺寸为：$\phi 12mm \times 10mm$ 或 $12mm \times 12mm \times 10mm$，如果不是观察表面组织，可以倒角便于磨制。根据需要，例如观察表面渗碳层的厚度，为防止在磨制过程中发生倒角，应采用镶嵌法，把试样镶嵌在热塑性塑料或热固性塑料中。我们所用试样为车削好的 $\phi 10mm \times 20mm$ 的 45 钢试样。

（2）磨制：这是最关键的步骤，磨制质量的好坏直接决定了试样的好坏。

1）粗磨：将试样在砂轮上或用粗砂纸磨制成平面。磨制时使试样受力均匀，压力不要太大。

2）精磨：粗磨好的试样用清水冲干后，依次用 01、02、03、04 号金相砂纸把磨面磨光。磨制时应把砂纸放在玻璃板或平整的桌面上，左手按住砂纸，右手握住试样，用力均匀、平稳，沿一个方向反复进行，直到旧的磨痕被去掉，不要来回磨制。注意：在调换更细一号砂纸时，应将试样上的磨屑和砂粒清除干净，并转动 90°角，使新、旧磨痕垂直。

（3）抛光：抛光的目的是去除磨面上细的磨痕和变形层，以获得光滑的镜面。机械抛光是在抛光机上进行的。在抛光盘上固定一层织物，如毛织物、丝织物或人造纤维织物等。抛光盘以 $200 \sim 600r/min$ 的速度旋转，将抛光磨料（Al_2O_3 或其他）加在上面即可进行抛光。注意抛光时用力要均匀，不要太大，以免试样飞出。抛光后先用清水冲洗再用无水酒精清洗，然后用吹风机吹干。

（4）浸蚀：采用化学浸蚀法，碳钢及低合金钢一般采用 4% 的硝酸酒精溶液浸蚀 $15 \sim 20s$ 即可。浸蚀后用清水冲洗干净再用无水酒精冲洗，然后吹干。

五、实验报告要求

（1）根据自己的体会，简述金相样品的制备过程、组织显示方法和注意事项；

（2）讨论观察试样时所用显微镜的参数。

实验3　铁碳合金的平衡组织观察实验

一、实验目的

（1）认识和熟悉铁碳合金平衡状态下的显微组织特征；

（2）了解含碳量对铁碳合金平衡组织的影响，建立起 $Fe-Fe_3C$ 状态图与平衡组织的关系；

（3）了解平衡组织的转变规律并能应用杠杆定律。

二、实验原理

平衡状态是指铁碳合金在极为缓慢的冷却条件下完成转变的组织状态。在实验条件下，退火状态下的碳钢组织可以看成是平衡组织。

图 3-1 是以组织组成物表示的铁碳合金相图。在室温下碳钢和白口铸铁的组

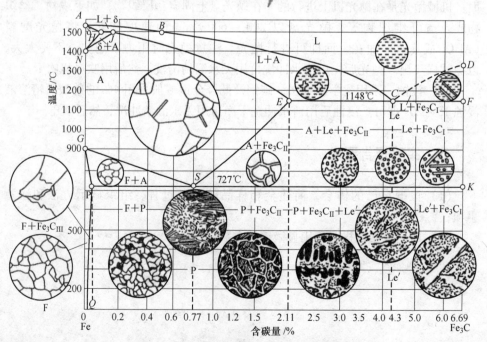

图 3-1　以组织组成物表示的铁碳合金相图

织都是由铁素体和渗碳体两种基本相构成。但是由于含碳量不同、合金相变规律的差异，铁碳合金在室温下的显微组织呈现出不同的组织类型。表 3-1 列出各种铁碳合金在室温下的显微组织。

表 3-1　各种铁碳合金在室温下的显微组织

合　金　分　类		含碳量/%	显　微　组　织
工业纯铁		<0.0218	铁素体（F）
碳钢	亚共析钢	0.0218~0.77	F+珠光体（P）
	共析钢	0.77	P
	过共析钢	0.77~2.11	P+二次渗碳体（C_{II}）
白口铸铁	亚共晶白口铸铁	2.11~4.3	P+C_{II}+莱氏体（Le）
	共晶白口铸铁	4.3	Le
	过共晶白口铸铁	4.3~6.69	Le+二次渗碳体（C_{I}）

铁碳合金显微组织中，铁素体和渗碳体两种相经硝酸酒精溶液浸蚀后均呈白亮色，而它们之间的相界则呈黑色线条。采用煮沸的碱性苦味酸钠溶液浸蚀，铁素体仍为白色，而渗碳体则被染成黑色。

铁碳合金的各种基本组织特征如下。

（一）工业纯铁

含碳量小于 0.0218% 的铁碳合金称为工业纯铁，其显微组织为单相铁素体或铁素体 + 极少量三次渗碳体。单相铁素体，显微组织由亮白色的呈不规则块状晶粒组成，黑色网状线即为不同位向的铁素体晶界，如图 3-2a 所示。当显微组织中有三次渗碳体时，则在某些晶界处看到呈双线的晶界线，表明三次渗碳体以薄片状析出于铁素体晶界处，如图 3-2b 所示。

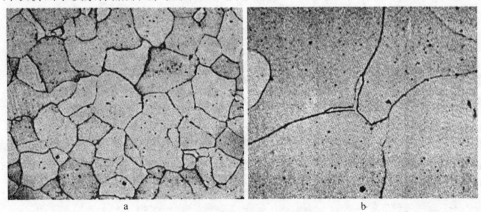

a　　　　　　　　　　　　b

图 3-2　工业纯铁的显微组织

a—250×；b—700×

（二）碳钢

碳钢按含碳量的不同，将组织类型分为 3 种：共析钢、亚共析钢和过共析钢。其组织特征如下。

1. 共析钢

含碳量为 0.77% 的铁碳合金称为共析钢，其显微组织是珠光体。珠光体是层片状铁素体和渗碳体的机械混合物。两相的相界是黑色的线条，在不同放大倍数条件下观察，则具有不同的组织特征，在高倍数（>500 倍）电镜下观察时，能清晰地分辨珠光体中平行相间的宽条铁素体和细片状渗碳体，如图 3-3a 所示。在 300 ~ 400 倍光学显微镜下观察时，由于显微镜的鉴别能力小于渗碳体片厚度，这时所看到的渗碳体片就是一条黑线，如图 3-3b 所示。珠光体有类似指纹的特征。

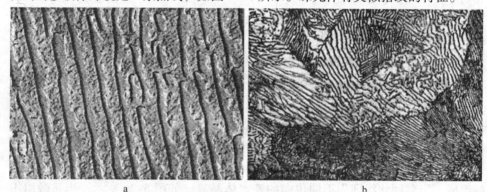

a   b

图 3-3 共析钢的珠光体组织

a—800 ×；b—300 ×

2. 亚共析钢

含碳量为 0.0218% ~ 0.77% 的铁碳合金称为亚共析钢，室温下的显微组织是铁素体 + 珠光体。铁素体呈白色不规则块状晶粒，珠光体在放大倍数较低或浸蚀时间长、浸蚀液浓度加大时，则为黑色块状晶粒，如图 3-4 所示。

在亚共析钢的组织中，随着含碳量的增加，组织中的珠光体量也增加。在平衡状态下，亚共析钢组织中的铁素体和珠光体的相对量可应用杠杆定律计算。通过在显微镜下观察组织中珠光体和铁素体各自所占面积的百分数，可以近似估算出钢的含碳量。即钢的含碳量 $\approx P$（面积分数）$\times 0.77\%$。

3. 过共析钢

含碳量为 0.77% ~ 2.11% 的铁碳合金称为过共析钢，室温下的显微组织为珠

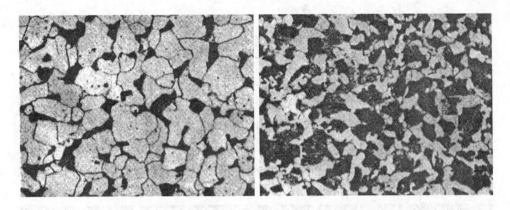

图 3-4　亚共析钢的显微组织（300×）

光体 + 二次渗碳体。二次渗碳体呈网状分布在原奥氏体的晶界上，随着钢的含碳量增加，二次渗碳体网加宽，用硝酸酒精溶液浸蚀时，二次渗碳体网呈亮白色，如图 3-5a 所示。若用煮沸的碱性苦味酸钠溶液浸蚀，则二次渗碳体呈黑色，如图 3-5b 所示。

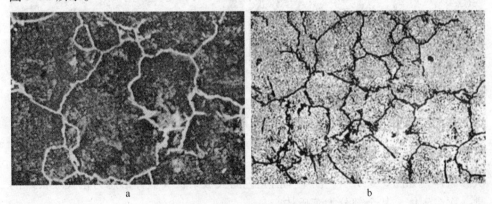

图 3-5　过共析钢的显微组织（300×）
a—硝酸酒精；b—碱性苦味酸钠

（三）白口铸铁

白口铸铁的含碳量为 2.11% ~ 6.69%。在白口铸铁的组织中含有较多的渗碳体相，其宏观断口呈白亮色，因而得名。按含碳量不同，其组织类型也分为 3 种：共晶白口铸铁、亚共晶白口铸铁和过共晶白口铸铁。

1. 共晶白口铸铁

共晶白口铸铁的含碳量为 4.3%，室温显微组织是低温莱氏体。低温莱氏体是珠光体和渗碳体的机械混合物，如图3-6所示。其中白亮的基体是渗碳体，显微组织中的黑色细小颗粒和黑色条状的组织是珠光体。

2. 亚共晶白口铸铁

亚共晶白口铸铁的含碳量为 2.11% ~ 4.3%，室温的显微组织是珠光体 + 二次渗碳体 + 莱氏体，如图3-7所示。图中较大块状黑色部分是珠光体，呈树枝状分布，其周边的白亮轮廓为二次渗碳体，在白色基体上分布有黑色细小颗粒和黑色细条状的组织是莱氏体。通常二次渗碳体与共晶渗碳体（即莱氏体中的渗碳体）连在一起，又都是白亮色，因此难以明确区分。

 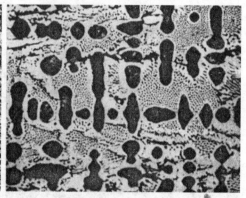

图3-6　共晶白口铸铁（100×）　　　　图3-7　亚共晶白口铸铁（100×）

3. 过共晶白口铸铁

过共晶白口铸铁的含碳量为 4.3% ~ 6.69%，其室温显微组织为莱氏体 + 一次渗碳体，如图3-8所示。图中呈白亮色的大板条状（立体形态为粗大片状）的是一次渗碳体，其余部分为莱氏体。

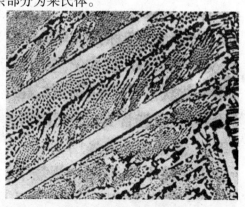

图3-8　过共晶白口铸铁（200×）

三、实验设备及材料

（1）金相显微镜；

（2）二元合金样品。

四、实验方法及步骤

（1）每个学生实验前认真阅读实验指导书，明确实验目的、任务。

（2）认真了解所使用的仪器型号、操作方法及注意事项。

（3）观察8种试样，根据铁碳合金相图判断各组织组成物，区分显微镜下看到的各种组织。工业纯铁试样1个，亚共析钢试样2个、共析钢试样1个、过共析钢试样1个、亚共晶白口铸铁试样1个、共晶白口铸铁试样1个、过共晶白口铸铁试样1个。

五、实验报告要求

（1）写出实验目的；

（2）按表3-2的格式画出你观察到的试样的组织图，标明各组织组成物名称、材料名称、处理状态、浸蚀剂、放大倍数等（不要将划痕、夹杂物、锈蚀坑等画到图上）；

（3）计算碳钢（亚共析钢试样2个、共析钢试样1个、过共析钢试样1个）室温下各组织组成物的相对质量；

（4）讨论铁碳合金含碳量与组织的关系。

表3-2　实验结果记录表

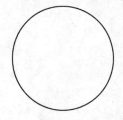 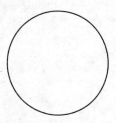

材料名称：　　　　　　　　　　　　　材料名称：

处理状态：　　　　　　　　　　　　　处理状态：

浸蚀剂：　　　　　　　　　　　　　　浸蚀剂：

放大倍数：　　　　　　　　　　　　　放大倍数：

组织：　　　　　　　　　　　　　　　组织：

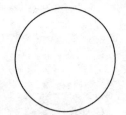

材料名称：

处理状态：

浸蚀剂：

放大倍数：

组织：

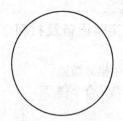

材料名称：

处理状态：

浸蚀剂：

放大倍数：

组织：

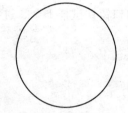

材料名称：

处理状态：

浸蚀剂：

放大倍数：

组织：

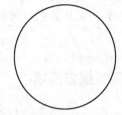

材料名称：

处理状态：

浸蚀剂：

放大倍数：

组织：

实验 4　合金钢、铸铁、有色合金的显微组织观察实验

一、实验目的

(1) 观察和研究各种不同类型合金材料的显微组织特征；
(2) 了解这些合金材料的成分、显微组织对性能的影响。

二、实验原理

合金钢的性能之所以比碳钢优越，主要是由于合金元素在钢中所起的作用，它们的加入改变了钢的内部组织与结构，其相变温度也发生了很大变化。

铸铁的组织（除白口铸铁外）可以认为是钢的基体上分布着不同形态、尺寸和数量的石墨，其中石墨的形状及数量变化对性能起着重要作用，所以正确认识和鉴别各类铸铁的金相组织对估计和评定铸铁的质量和性能有着重要意义。

有色金属和合金具有某些独特的优异性能，例如铝合金密度小而强度高，铜及铜合金导电性极好，耐蚀性强，铅与锡合金具有良好的减摩性等，而这些性能特点也与其内部组织密切相关。

下面着重研究和分析各种不同类型合金材料的组织特点。

（一）合金钢

合金钢的显微组织比碳钢复杂，在合金钢中存在的基本相有合金铁素体、奥氏体、碳化物（包括渗碳体、特殊碳化物）及金属间化合物等。其中合金铁素体与合金渗碳体及大部分合金碳化物的组织特征与碳钢的铁素体和渗碳体无明显区别，而金属间化合物的组织形态则随种类不同而各异，合金奥氏体在晶粒内常常存在滑移线和孪晶特征。

1. 高速钢

高速钢是高合金工具钢，以具有良好的热硬性（或红硬性）著称。这里以典型的 W18Cr4V（简称 18 - 4 - 1）钢为例加以分析研究。

W18Cr4V 的化学成分为：$0.7\% \sim 0.8\%$ C，$17.5\% \sim 19\%$ W，$3.8\% \sim 4.4\%$ Cr，

$1.0\% \sim 1.4\%\,V$，$\leqslant 0.3\%\,Mo$。由于钢中存在大量的合金元素（大于 20%），因此除了形成合金铁素体与合金渗碳体外，还会形成各种合金碳化物（如 Fe_4W_2C、VC 等），这些组织特点决定了高速钢具有优良的切削性能。

高速钢的热处理状态有铸态组织、退火组织、淬火及回火后的组织。金相显微组织特征见表 4-1。

表 4-1　实验用试样及其组织特征

材料	编号	名称	热处理状态	金相显微组织特征	浸蚀剂	放大倍数
合金钢	1	高速钢（W18Cr4V）	淬火	马氏体 + 残余奥氏体 + 碳化物（颗粒状）	4% 硝酸酒精溶液	400 ×
	2	高速钢（W18Cr4V）	淬火 + 三次回火	回火马氏体（暗黑色基体）+ 碳化物（白色粒状）	4% 硝酸酒精溶液	400 ×
	3	不锈钢（1Cr18Ni9Ti）	水淬	奥氏体（具有孪晶）	王水溶液	400 ×
铸铁	4	P 基体灰口铸铁	铸态	珠光体 + 条片状石墨	4% 硝酸酒精溶液	400 ×
	5	F 基体可锻铸铁	退火	铁素体（亮白色晶粒）+ 团絮状石墨	4% 硝酸酒精溶液	400 ×
	6	F + P 基体球墨铸铁	铸态	珠光体（暗黑色）+ 铁素体（亮白色）+ 球状石墨	4% 硝酸酒精溶液	400 ×
有色合金	7	铝合金（未变质）	铸态	初晶硅（针状）+（α + Si）共晶体（亮白色基体）	0.5% HF 水溶液	400 ×
	8	铝合金（已变质）	铸态	α（枝晶状）+ 共晶体（细密基体）	0.5% HF 水溶液	400 ×
	9	α 黄铜	退火	α 固溶体（具有孪晶）	3% $FeCl_3$、10% HCl 溶液	400 ×
	10	α + β 黄铜	铸态	α（亮白色）+ β（暗黑色）	3% $FeCl_3$、10% HCl 溶液	400 ×
	11	锡基轴承合金	铸态	α（暗黑色）+ β（白色块状）+ Cu_3Sn（针状、星形）	4% 硝酸酒精溶液	400 ×

2. 不锈钢

不锈钢在大气、海水、化学介质中有良好的抗腐蚀能力。这里以 1Cr18Ni9Ti 为例加以分析研究。

该钢的化学成分为：$\leqslant 0.12\%\,C$，$17\% \sim 19\%\,Cr$，$8\% \sim 11\%\,Ni$，$0.6\% \sim 0.9\%\,Ti$。铬在钢中的主要作用是产生钝化作用，提高电极电位而使钢的抗蚀性加强。镍的加入在于扩大 γ 区及降低 M_s 点，以保证室温下具有奥氏体组织。1Cr18Ni9Ti 钢的热处理方法是进行固溶处理（1050 ~ 1100℃ 水淬），经热处理后的显微组织呈单一奥氏体晶粒，并有明显的孪晶。

（二）铸铁

根据石墨的形态、大小和分布情况不同，铸铁分为灰口铸铁（石墨呈片条状）、可锻铸铁（石墨呈团絮状）和球墨铸铁（石墨呈圆球状）。

（1）灰口铸铁组织的特征是在钢的基体上分布着片状石墨。根据石墨化程度及基体组织的不同，灰口铸铁可分为铁素体灰口铸铁、铁素体－珠光体灰口铸铁和珠光体灰口铸铁。

（2）可锻铸铁是由白口铸铁经石墨化退火处理而得，其中渗碳体发生分解而形成团絮状石墨。按照基体组织不同，可锻铸铁分为铁素体可锻铸铁和珠光体可锻铸铁两类。

（3）球墨铸铁组织中石墨呈圆球状。球状石墨的存在可使铸铁内部的应力集中现象得到改善，同时减轻了基体的割裂作用，从而充分发挥了基体性能的潜力，使球墨铸铁获得很高的强度和一定的韧性。

（三）有色合金

1. 铝合金

在铸造铝合金中应用最广的是铝－硅系合金（含 $10\% \sim 13\%$ Si），常称"硅铝明"。由 Al－Si 合金相图可知该成分在共晶点附近，所以组织中均有由 α 固溶体和粗针状硅晶体组成的共晶体及少量呈多面体的初生硅晶体。这种粗大针状硅晶体会使合金的塑性降低，为了改善合金的性能，通常采用"变质处理"，经"变质处理"后，不仅组织细化，还可得到由枝晶状的 α 固溶体和细密共晶体组成的亚共晶组织，这样提高了铝合金的强度和塑性。

2. 铜合金

工业上广泛使用的铜合金有铜锌合金（黄铜）、铜锡合金（锡青铜）、铜铝合金（铝青铜）以及铜铍合金（铍青铜）、铜镍合金（白铜）等。这里以黄铜为例加以分析研究。

常用的黄铜含锌量均在45%以下。由 Cu－Zn 合金相图可知，含锌少于39%的黄铜均呈 α 黄铜（或单相黄铜）。含锌量 $39\% \sim 45\%$ 的黄铜呈 α＋β 两相组织，称为（α＋β）黄铜（或两相黄铜）。其中 α 相呈亮白色，β 相呈暗黑色。

3. 轴承合金

轴承合金又称巴氏合金，通常用来制造滑动轴承的轴瓦及其内衬。轴瓦材料应同时兼有硬和软两种性质，因此轴承合金理想的组织应该是由软硬不同的相组成的混合物。最常见的锡基轴承合金为 ZChSn11 – 6，该合金的成分中除基本元素 Sn 外，还含有 11% Sb 及 6% Cu。

三、实验设备及材料

(1) 金相显微镜；

(2) 金相图谱及金相放大照片；

(3) 各类合金材料的金相显微试样（见表 4-1）。

四、实验方法及步骤

(1) 各小组分别领取各种不同类型的合金材料试样。

(2) 在显微镜下进行观察，并分析其组织形态特征。

(3) 注意事项：

1) 对各类成分的合金可采用对比方法进行分析研究，着重区别各自的组织形态特点。

2) 结合相图分析各类合金应该具备的显微组织。

五、实验报告要求

(1) 实验报告包括实验目的，实验内容和要求、实验主要仪器设备和材料、实验方法、步骤及结果测试，采用表 4-2 的形式记录实验结果；

(2) 观察并绘出示意图，并列出详细说明。

表 4-2　实验结果记录表

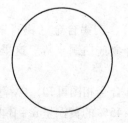 

材料名称：	材料名称：
处理状态：	处理状态：
浸蚀剂：	浸蚀剂：
放大倍数：	放大倍数：
组织：	组织：

材料名称：

处理状态：

浸蚀剂：

放大倍数：

组织：

材料名称：

处理状态：

浸蚀剂：

放大倍数：

组织：

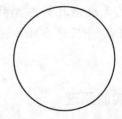

材料名称：

处理状态：

浸蚀剂：

放大倍数：

组织：

材料名称：

处理状态：

浸蚀剂：

放大倍数：

组织：

实验 5 碳钢热处理及热处理后的 显微组织观察实验

一、实验目的

（1）观察碳钢经不同热处理后的基体组织；

（2）了解热处理工艺对碳钢组织和性能的影响；

（3）熟悉碳钢几种典型热处理组织——马氏体 Martensite（M）、屈氏体 Troostite（T）、索氏体 Sorbite（S）、回火马氏体、回火索氏体等组织的形态及特征。

二、实验原理

碳钢经退火、正火可得到平衡或接近平衡组织，经淬火得到的是不平衡组织。铁碳合金缓冷后的显微组织基本上与铁碳相图所预料的各种平衡组织相符合，但在快冷条件下的显微组织就不能用铁碳合金相图来加以分析，而应由过冷奥氏体等温转变曲线（C 曲线）来确定。图 5-1 为共析碳钢的 C 曲线图。

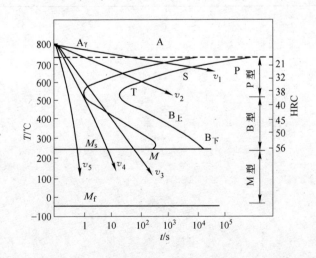

图 5-1 共析碳钢的 C 曲线

铁碳相图能说明慢冷时合金的结晶过程和室温下的组织以及相的相对量，C曲线则能说明一定成分的钢在不同冷却条件下所得到的组织。C曲线适用于等温冷却条件，而CCT曲线（奥氏体连续冷却曲线）适用于连续冷却条件。

按照不同的冷却条件，过冷奥氏体将在不同的温度范围发生不同类型的转变。通过金相显微镜观察，可看出过冷奥氏体各种转变产物的组织形态各不相同。

（一）共析钢等温冷却时的显微组织

共析钢过冷奥氏体在不同温度等温转变的组织及性能列于表5-1中。

表5-1　相转变温度与组织特征

转变类型	组织名称	形成温度范围/℃	金相显微组织特征	硬度（HRC）
珠光体型相变	珠光体（P）	>650	在400~500倍金相显微镜下可观察到铁素体和渗碳体的片层状组织	0~20（HB180~200）
	索氏体（S）	600~650	在800~1000倍以上的显微镜下才能分清片层模糊不清	25~35
	屈氏体（T）	550~600	用光学显微镜观察时呈黑色团状组织，只有在电子显微镜（5000~15000倍）下才能看出片层组织	25~40
贝氏体型相变	上贝氏体（$B_上$）	350~600	在金相显微镜下呈暗灰色的羽毛状特征	40~48
	下贝氏体（$B_下$）	230~350	在金相显微镜下呈黑色针叶状特征	48~58
马氏体型相变	马氏体（M）	<230	在正常淬火温度下呈细针状马氏体（隐晶马氏体），过热淬火时则呈粗大片状马氏体	62~65

（二）共析钢连续冷却时的显微组织

共析钢奥氏体，在慢冷时（相当于炉冷，见图5-1的v_1）应得到100%珠光体；当冷却速度增大到v_2时（相当于空冷），得到的是较细的珠光体，即索氏体或屈氏体；当冷却速度增大到v_3时（相当于油冷），得到的为屈氏体和马氏体；当冷却速度增大到v_4、v_5（相当于水冷），很大的过冷度使奥氏体骤冷到马氏体转变开始点（M_s）后，瞬时转变马氏体。其中与C曲线鼻尖相切的冷却速度（v_4）称为淬火的临界冷却速度。

（三）亚共析钢和过共析钢连续冷却时的显微组织

亚共析钢的 C 曲线与共析钢相比，只是在其上部多了一条铁素体先析出线，如图 5-2 所示。

当奥氏体缓冷时（相当于炉冷，如图 5-2 的 v_1 所示）转变产物接近平衡组织，即珠光体和铁素体。随着冷却速度的增大，即 $v_3 > v_2 > v_1$ 时，奥氏体的过冷度逐渐增大，析出的铁素体越来越少，而珠光体的量逐渐增加，组织变得更细，此时析出的少量铁素体多分布在晶粒的边界上。

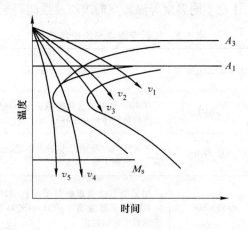

图 5-2   亚共析钢的 C 曲线

（四）各组织的显微特征

1. 索氏体

索氏体（S）是铁素体与渗碳体的机械混合物，其片层比珠光体更细密，在高倍（700 倍以上）显微放大时才能分辨。

2. 屈氏体

屈氏体（T）也是铁素体与渗碳体的机械混合物，片层比索氏体还细密，在一般光学显微镜下也无法分辨，只能看到如墨菊状的黑色形态。当其少量析出时，沿晶界分布，呈黑色网状，包围着马氏体；当析出量较多时，呈大块黑色团状，只有在电子显微镜下才能分辨其中的片层（见图 5-3）。

3. 贝氏体

贝氏体（B）为奥氏体的中温转变产物，它也是铁素体与渗碳体的两相混合物。在显微形态上，主要有三种形态；

（1）上贝氏体是由成束平行排列的条状铁素体和条间断续分布的渗碳体所组成的非层状组织（见图5-4）。

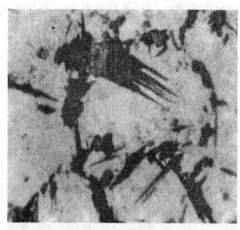

图5-3　屈氏体+马氏体　　　　　　图5-4　上贝氏体+马氏体

（2）下贝氏体是在片状铁素体内部沉淀有碳化物的两相混合物组织。它比淬火马氏体易受浸蚀，在显微镜下呈黑色针状（见图5-5）。在电镜下可以见到，在片状铁素体基体中分布有很细的碳化物片，它们大致与铁素体片的长轴成$55°\sim60°$的角度。

（3）粒状贝氏体是最近十几年才被确认的组织。在低、中碳合金钢中，特别是连续冷却时（如正火、热轧空冷或焊接热影响区）往往容易出现，在等温冷却时也可能形成。它的温度范围大致在上贝氏体转变温度区的上部，由铁素体和它所包围的小岛状组织所组成。

图5-5　下贝氏体

4. 马氏体

马氏体（M）是碳在 α – Fe 的过饱和固溶体。按照马氏体的形态以及含碳量可分为两种，即板条状和针状（见图 5-6 ~ 图 5-8）。

图 5-6　回火板条状马氏体　　　　　　　图 5-7　针状马氏体

图 5-8　粗大的针状马氏体

（1）板条状马氏体一般为低碳钢或低碳合金钢的淬火组织。其组织形态是由尺寸大致相同的细马氏体条定向平行排列组成马氏体束或马氏体领域。在马氏体束之间位向差较大，一个奥氏体晶粒内可形成几个不同的马氏体领域。板条马氏体具有较低的硬度和较好的韧性。

（2）针状马氏体是含碳量较高的钢淬火后得到的组织。在光学显微镜下，它呈竹叶状或针状，针和针之间成一定的角度。最先形成的马氏体较粗大，往往横穿整个奥氏体晶粒，将奥氏体加以分割，使以后形成的马氏体片的大小受到限制。因此，针状马氏体的大小不一。同时有些马氏体有一条中脊线，并在马氏体周围有残留奥氏体。针状马氏体的硬度高而韧性差。

5. 残余奥氏体

残余奥氏体（$A_{残}$）是含碳量为 0.5% 的奥氏体淬火时被保留到室温不转变的那部分奥氏体。它不易受硝酸酒精溶液的浸蚀，在显微镜下呈白亮色，分布在马氏体之间，无固定形态。如图 5-9 所示，含碳 1.3% 的碳钢加热到 1000℃ 淬火后，有 15% ~ 30% 的残余奥氏体。如图 5-10 所示，含碳 1.2% 的碳钢正常淬火（780℃ 加热），组织为马氏体 + 粒状渗碳体 + 少量残余奥氏体。

 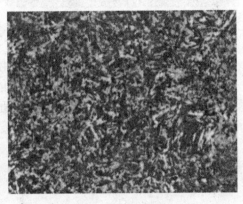

图 5-9　马氏体 + 粒状渗碳体 + 　　　　　图 5-10　回火马氏体（黑色）+
　　　少量残余奥氏体　　　　　　　　　　　　残余奥氏体（白色）

（1）回火马氏体是低温回火（150 ~ 250℃）组织。它仍保留了原马氏体形态特征。针状马氏体回火析出了极细的碳化物，容易受到浸蚀，在显微镜下呈黑色针状。低温回火后马氏体针变黑，而残余奥氏体不变仍呈白亮色（如图 5-10 所示）。低温回火后可以部分消除淬火钢的内应力，增加韧性，同时仍能保持钢的高硬度。

（2）回火屈氏体是中温回火（350 ~ 500℃）组织。回火屈氏体是铁素体与粒状渗碳体组成的极细混合物。铁素体基体基本上保持了原马氏体的形态（条状或针状），第二相渗碳体则析出在其中，呈极细颗粒状，用光学显微镜极难分辨（如图 5-11 所示）。中温回火后有很好的弹性和一定的韧性。

（3）回火索氏体是高温回火（500 ~ 650℃）组织。回火索氏体是铁素体与较粗的粒状渗碳体所组成的机械混合物。碳钢回火索氏体中的铁素体已经通过再结晶，呈等轴细晶粒状。经充分回火的索氏体已没有针的形态。在大于 500 倍的光学显微镜下，可以看到渗碳体微粒（如图 5-12 所示）。回火索氏体具有良好的综合力学性能。

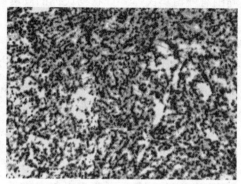

图 5-11　回火屈氏体　　　　　　　图 5-12　回火索氏体

应当指出，回火屈氏体、回火索氏体是淬火马氏体回火时的产物，它们的渗碳体是颗粒状的，且均匀地分布在铁素体基体上；而淬火索氏体和淬火屈氏体是奥氏体过冷时直接形成的，其渗碳体是呈片状。回火组织较淬火组织在相同硬度下具有较高的塑性与韧性。

三、实验设备及材料

（1）金相显微镜；
（2）金相图谱及放大的金相图片；
（3）经各种不同热处理的金相试样。

四、实验方法及步骤

（1）观察表 5-2 所列试样的显微组织。
（2）描绘出所观察样品的显微组织示意图，并注明材料、处理工艺、放大倍数、组织名称及浸蚀剂等。

五、实验报告要求

（1）写出实验目的；
（2）画出所观察样品的显微组织示意图；

（3）说明所观察样品的组织，采用表5-3的形式记录实验结果。

表5-2　实验要求观察的样品

序号	材料	含碳量/%	热处理工艺	浸蚀剂	显微组织特征
1	45 钢	0.45	860℃炉冷（退火）	3%硝酸酒精	P + F（白色块状）
2	45 钢	0.45	860℃空冷（正火）	3%硝酸酒精	S + F（白色块状）
3	45 钢	0.45	770℃淬水（淬火）	3%硝酸酒精	$M_{细小}$ + F（部分白色块状）
4	45 钢	0.45	860℃淬水（淬火）	3%硝酸酒精	$M_{细小}$
5	45 钢	0.45	860℃淬油（淬火）	3%硝酸酒精	$M_{细小}$ + T（沿晶界分布的黑色网）
6	45 钢	0.45	1000℃淬水（淬火）	3%硝酸酒精	$M_{粗针}$ + 残余奥氏体（亮白色块状）
7	45 钢	0.45	860℃淬水，200℃回火	3%硝酸酒精	回火 M
8	45 钢	0.45	860℃淬水，400℃回火	3%硝酸酒精	回火 T
9	45 钢	0.45	860℃淬水，600℃回火	3%硝酸酒精	回火 S
10	T12 钢	1.2	760℃球化退火	3%硝酸酒精	$P_{球状}$（F + 细粒状 Fe_3C）
11	T12 钢	1.2	760℃淬水（淬火）	3%硝酸酒精	$M_{细针}$ + Fe_3C（白色粒状）
12	T12 钢	1.2	1000℃淬水（淬火）	3%硝酸酒精	$M_{粗针}$ + 残余奥氏体（亮白色块状）

表5-3　实验结果记录表

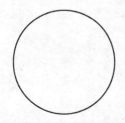 

材料名称：　　　　　　　　　　　材料名称：

处理状态：　　　　　　　　　　　处理状态：

浸蚀剂：　　　　　　　　　　　　浸蚀剂：

放大倍数：　　　　　　　　　　　放大倍数：

组织：　　　　　　　　　　　　　组织：

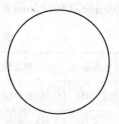

材料名称：

处理状态：

浸蚀剂：

放大倍数：

组织：

材料名称：

处理状态：

浸蚀剂：

放大倍数：

组织：

材料名称：

处理状态：

浸蚀剂：

放大倍数：

组织：

材料名称：

处理状态：

浸蚀剂：

放大倍数：

组织：

实验 6 碳钢的热处理及硬度测定实验

一、实验目的

（1）熟悉碳钢的基本热处理（退火、正火、淬火及回火）工艺方法；
（2）了解含碳量、加热温度、冷却速度等因素与碳钢热处理后性能的关系；
（3）分析淬火及回火温度对钢性能的影响；
（4）掌握洛氏硬度计的使用方法；
（5）会采用不同的热处理工艺，获得不同的组织结构，进而改变钢的性能。

二、实验原理

热处理是一种很重要的金属加工工艺方法，热处理的主要目的是改善钢材性能，提高工件使用寿命。钢的热处理工艺特点是将钢加热到一定的温度，经一定时间的保温，然后以某种速度冷却下来，通过这样的工艺过程能使钢的性能发生改变。

热处理之所以能使钢的性能发生显著变化，主要是由于钢的内部组织发生了质的变化。采用不同的热处理工艺过程，将会使钢得到不同的组织结构，从而获得所需要的性能。

普通热处理的基本操作有退火、正火、淬火及回火等。

热处理操作中，加热温度、保温时间和冷却方式是最重要的三个关键工序，也称热处理三要素。正确选择这三种工艺参数，是热处理成功的基本保证。Fe－FeC 相图和 C 曲线是制定碳钢热处理工艺的重要依据。

（一）加热温度

1. 退火加热温度

完全退火加热温度，适用于亚共析钢，$A_{c3} + (30 \sim 50℃)$；球化退火加热温度，适用于共析钢和过共析钢，$A_{c1} + (30 \sim 50℃)$。

2. 正火加热温度

对亚共析钢是 $A_{c3} + (30 \sim 50℃)$；过共析钢是 $A_{cm} + (30 \sim 50℃)$，也就是加

热到单相奥氏体区。

退火和正火的加热温度范围如图6-1所示。

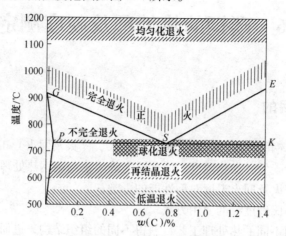

图 6-1　退火与正火的加热温度

3. 淬火加热温度

对亚共析钢是 $A_{c3}+(30\sim50℃)$；对共析钢和过共析钢是 $A_{c1}+(30\sim50℃)$，见图6-2。

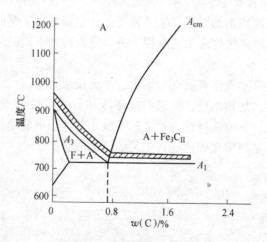

图 6-2　淬火加热温度范围

钢的临界温度 A_{c1}、A_{c3} 及 A_{cm}，在热处理手册或合金钢手册中均可查到。再经计算可求出钢的热处理温度。也可以利用铁碳相图决定 A_1、A_3 及 A_{cm} 点的温度再加上 $10\sim20℃$ 即近似 A_{c1}、A_{c3} 及 A_{cm}，然后再计算热处理温度。表6-1是各种碳钢的临界温度。

表 6-1　各种碳钢的临界温度

类别	钢号	临界点温度/℃				淬火温度/℃
		A_{c1}	A_{c3} 或 A_{cm}	A_{R1}	A_{R3}	
碳素结构钢	20	735	855	680	835	860 ~ 880
	30	732	813	677	835	850 ~ 870
	40	724	790	680	760	840 ~ 860
	45	724	682	682	751	840 ~ 860
	50	725	690	690	750	770 ~ 800
	60	725	695	695	743	860 ~ 880
碳素工具钢	T7	730	770	700	—	780 ~ 800
	T8	730	—	700	—	780 ~ 800
	T10	730	800	700	—	760 ~ 800
	T12	730	820	700	—	760 ~ 800
	T13	730	830	700	—	760 ~ 800

4. 回火温度

钢淬火后必须要回火。回火温度取决于最终所要求的组织和性能。按加热温度，回火可分为低温、中温及高温回火三类。低温回火在 150 ~ 250℃ 进行回火，所得组织为回火马氏体，硬度约为 HRC60，常用于切削刀具和量具；中温回火是在 350 ~ 500℃ 进行回火，硬度约为 HRC35 ~ 45，主要用于各类弹簧热处理；高温回火是在 500 ~ 650℃ 进行，所得组织为回火索氏体，硬度为 HRC25 ~ 35，用于结构零件的热处理；高于 650℃ 的回火为珠光体，硬度较低。

例如，45 钢的回火温度经验公式如下：

$$T = 200 + K(60 - X) \tag{6-1}$$

式中　K——系数，当回火后要求的硬度值大于 HRC30 时，$K = 11$；当硬度值小于 HRC30 时，$K = 12$；

　　　X——所要求的硬度值（HRC）。

（二）保温时间

热处理保温时间与许多因素有关，例如工件的尺寸、形状、使用的加热设备、装炉量、钢的种类；热处理类型、钢材的原始组织、热处理的要求和目的等。上述因素都要综合考虑，具体参考数据可查有关手册。

（三）冷却方式

热处理的冷却方式至关重要，控制不同的冷却速度（即采用不同的冷却方式），可得到不同的组织，从而获得不同的性能。

（1）退火：一般采用随炉冷却，冷到500℃左右，可以出炉空冷，不必在炉中冷到室温。

（2）正火：多采用在空气中冷却，大件常进行吹风冷却。

（3）淬火：一方面采用急冷方式，即冷却速度应超过钢的临界冷却速度，以保证得到马氏体组织，另一方面冷却速度应当尽量缓慢，以减少内应力，避免变形和开裂。为了调和上述矛盾，可以采用适当的冷却剂和冷却方式。常用的淬火方法有双液淬火、分级淬火、单液淬火、等温淬火等。常用的淬火介质有清洁的自来水、浓度为5%～10%的NaCl水溶液、矿物油等。

三、实验设备及材料

（1）箱式电炉及控温仪表；
（2）水银温度计；
（3）洛氏硬度机；
（4）抛光机；
（5）金相显微镜；
（6）冷却剂：水、油；
（7）试样：45钢、T12钢。

四、实验方法及步骤

（1）淬火部分的内容及具体操作步骤：

1）根据淬火条件不同，分6个小组进行，见表6-2。

2）加热前先将全部试样测定硬度，一律用洛氏硬度测定。

3）根据试样钢号，按$Fe-Fe_3C$相图确定淬火加热温度和保温时间（可按1min/mm直径计算）。

4）各组将淬火及正火后的试样表面用砂纸磨平，以测出硬度值（HRC）填入表6-2。

表6-2　不同热处理条件下材料的硬度值

HRC	淬火（水淬）	淬火（油淬）	正　火
45钢			
T12钢			

注：45钢、T12钢淬火试样各留三块以供回火用。

（2）回火部分的内容及具体步骤：

1）根据回火温度不同，分6个小组进行，见表6-3。各小组将已经正常淬火并测定过硬度的45钢和T12钢试样分别放入指定温度的炉内加热，保温30min，然后取出空冷。

2）用砂纸磨光表面，分别在洛氏硬度机上测定硬度值。

3）将测定的硬度值分别填入表6-3中。

表6-3　回火后材料的硬度值

HRC	回火温度/℃		
	200	400	600
45 钢 回火后（HRC）			
T12 钢 回火后（HRC）			

（3）洛氏硬度计测量方法：

1）选择合适的压头及载荷。

2）根据试件大小和形状选择载物台。

3）试件上、下两面磨平，然后置于载物台上。

4）加预载荷，按顺时针方向转动升降机构的手轮，将试样与压头接触，并观察读数百分表盘上的小针移动至小红点为止。

5）调整读数表盘，使百分表盘上的长针对准硬度值的起点，如测洛氏硬度HRC、HRA硬度时，把长针与表盘上的黑字G处对准；测量HRB时，使长针与表盘上红字B对准。

6）加主载荷。平稳地扳动加载手柄，手柄自动长高至停止位置（时间为5~7s），并停留10s。

7）卸除主载荷。扳回加载手柄至原来位置。

8）读数。表上长针指示的数字为硬度的读数。HRC、HRA读黑数字，HRB读红数字。

9）下降载物台，取出试样。

10）用同样方法在试件的不同位置测3个数据，取其算术平均值为试件的硬度值。

（4）各试样金相组织观察：观察并绘出各碳钢不同热处理条件下的显微组织特征。

（5）注意事项：

1）本实验加热用的都为电炉，由于炉内电阻丝距离炉膛较近，容易漏电，所以电炉一定要接地，在放、取试样时必须先切断电源。

2）往炉中放、取试样必须使用夹钳，夹钳必须擦干，不得沾有油和水。开关炉门要迅速，炉门打开时间不宜过长。

3）试样由炉中取出淬火时，动作要迅速，以免温度下降，影响淬火质量。

4）试样在淬火液中应不断搅动，否则试样表面会由于冷却不均而出现软点。

5）淬火时水温应保持 20～30℃，水温过高要及时换水。

6）淬火或回火后的试样均要用砂纸打磨表面，去掉氧化皮后再测定硬度值。

7）试件的准备：试件表面应磨平且无氧化皮和油污等，试件形状应能保证试验面与压头轴线相垂直，测试过程应无滑动。

8）压痕间距或压痕与试件边缘 HRA ＞2.5mm，HRC ＞2.5mm，HRB ＞4mm。

不同的洛氏硬度有不同的适用范围，应按图 6-3 和图 6-4 选择压头及载荷。这是因为超出规定的测量范围时，硬度计的精确度及灵敏度均较差，以致结果的准确性较差。例如 HRB102、HRC18 等的写法是不准确的，是不宜使用的。

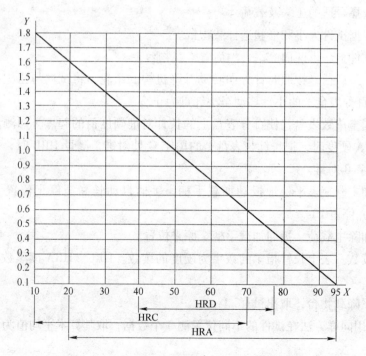

图 6-3　用金刚石圆锥压头实验（A、C 和 D 标尺）

X—洛氏硬度；Y—试样最小厚度，mm

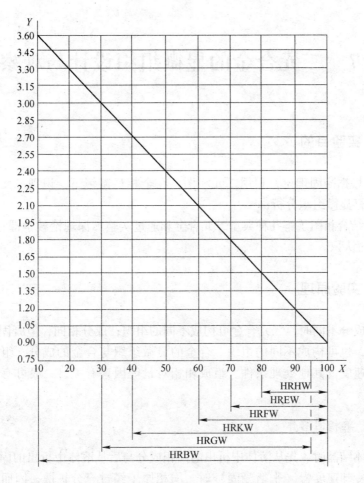

图6-4　用球形压头实验（B、E、F、G、H和K标尺）

X—洛氏硬度；Y—试样最小厚度，mm

五、实验报告要求

（1）实验报告应包括实验目的、实验内容和要求、实验主要仪器设备和材料、实验方法、步骤及结果测试；

（2）分析实验中存在的问题。

实验 7　二元合金的显微组织设计与观察实验

一、实验目的

（1）根据凝固理论，利用二元相图，在金相显微镜下，识别二元合金组织特征，进行显微组织分析；

（2）结合相图了解几种典型二元合金和通过实验加深理论教学课程"凝固""相图"的认识。

二、实验原理

合金成分不同时，二元合金可构成不同的组织；成分相同，但凝固及处理条件不同时，也可构成不同的组织。合金的显微组织与合金的成分、组成相的性质、冷却速度及其他处理条件、组成相相对量等因素有关，一般可有以下几种形貌。

（一）单相固溶体

固溶体结晶时，先从溶体中析出的固相成分与后从溶体中析出的固相成分是不同的。冷却速度慢（平衡凝固）时，固相原子经过充分扩散，因而可以得到成分均匀的单相固溶体；冷却快时，固相原子来不及扩散均匀，从而使凝固结束后晶粒内各部分存在浓度差别，各处耐腐蚀性能不同，浸蚀后在显微镜下呈现树枝状特征。下面以 Cu－20% Ni 合金为例进行说明。

Cu－20% Ni 的铜合金铸态组织为热力学不平衡组织，在固态均匀化退火后，则出现类同纯金属一样的多边形晶粒，Cu－20% Ni 的铜合金均匀化退火组织为单相固溶体平衡组织。铜合金铸态组织为单相固溶体组织，存在晶内偏析、呈树枝状。图 7-1 为 Cu－Ni 二元合金相图。由相图可知，二元铜镍合金不论含镍多少均为单一的 α 相固溶体，由于液相线和固相线的水平距离较大，加之镍在铜中的扩散速度很慢，因而 Cu－Ni 二元合金的铸造组织均存在明显的偏析。凝固时，晶体前沿液体中出现了成分过冷，形成负的温度梯度，故晶体以树枝状方式生长。电子探针微区分析结果表明，组织中白亮部分（即枝干部位）含高熔点组元 Ni 的比例较高，比较耐腐蚀，因而呈白色；而暗黑部分（枝间部位）含低熔点组元 Cu 较多, 不耐腐蚀, 因而呈黑色。这种组织 (图 7-2) 称枝晶偏析组织 (晶内偏析), 枝干与枝间的化学成分不均匀。这种树枝状组织甚至可一直保持到热加工之后。

对铸造高温合金来说, 这种树枝状组织是有益的, 它能够提高高温强度, 而对一般需进行塑性变形加工的合金来说, 由于增加了形变阻力, 因而是无益的, 此时可以用扩散退火来减小或消除这种不均匀的组织。消除了晶内偏析的 Cu – Ni 合金的显微组织特征为单相固溶体, 其晶粒和晶界清晰可见 (图 7-3)。

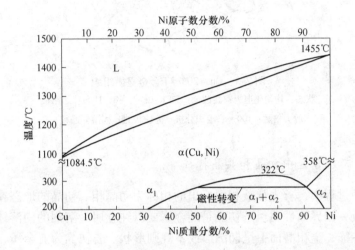

图 7-1　Cu – Ni 二元系相图

图 7-2　Cu – 20% Ni 合金显微组织

(状态: 非平衡结晶; 腐蚀剂: FeCl₃ 酒精溶液 + 10% HCl 溶液; 放大倍数:

120 ×; 组织分析: 非平衡结晶形成的树枝状组织, 白色富含 Ni, 黑色富含 Cu)

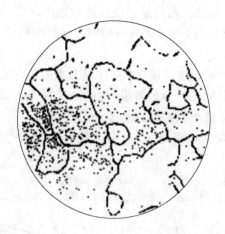

图 7-3 Cu-20%Ni 合金显微组织

(状态：均匀化退火；腐蚀剂：2% $K_2Cr_2O_7$ +8% H_2SO_4 水溶液；

放大倍数：100×；组织分析：等轴状的 α 固溶体晶粒)

(二) 二元合金中初晶和共晶特征

在凝固过程中，首先从液相中析出的相称为初晶相。初晶的形态在很大程度上取决于液 - 固界面性质。若初晶是纯金属或以纯金属为溶剂的固溶体，一般具有树枝状特征，金相磨面上呈椭圆形或不规则形状。若初晶为亚金属、非金属或中间相，一般具有较规则外形（如多边形、三角形、正方形、针状、棱形等）。

同时从液相中析出的组织通常称为共晶组织。二元共晶由两相组成，由于组成相性质、凝固时冷却速度、组成相相对量的不同，可构成多种形态。共晶体按组织形态可分为层片状、球状、点状、针状、螺旋状、树枝状、花朵状等几类。二元共晶由两相组成，一般比初晶细。

Al - Si 系合金是航空工业应用最广泛的一类铸造合金，具有良好的工艺性和抗蚀性。简单二元 Al - Si 合金，如 ZL - 7，铸造性很好，但强度较低。添加其他组元，如镁、铜后，由于增加了热处理强化效应而提高了合金的力学性能。根据 Al - Si 二元合金相图（图7-4），共晶成分是 12.6% 硅，共晶温度为 577℃，硅在 α 固溶体中的溶解度在 577℃ 时为 1.65%，室温时降至 0.05%。图 7-5 和图 7-6 分别为 Al - 12.6% Si 合金显微组织图。铸造合金为了保证良好的铸造工艺性，一般希望接近共晶成分。Al - Si 系的特点是共晶点含硅量不太高，这样既可保证合金组织中形成大量的共晶体，以满足铸造工艺方面的要求，而又不至于因第二相数量过多而使材料的塑性严重降低。

ZL - 7 合金的含硅量为 10.2% ~ 13.0%，即处于共晶点附近，平衡组织为 α + Si。共晶硅呈粗针状或片状，有时组织中也可能出现少量块状初生硅。此外，

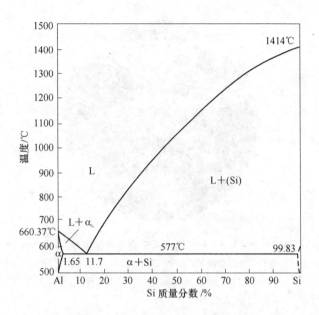

图 7-4　Al-Si 二元系相图

图 7-5　Al-12.6% Si 合金显微组织

（状态：铸造、慢冷；腐蚀剂：未蚀；放大倍数：120×；组织分析：过共晶

组织，$Si_{块状初晶}$ + $(Al+Si)_{细针状共晶}$）

因合金中杂质铁允许含量较高，因此还存在一些杂质相，如 $\alpha(Fe_2Si_2Al_9)$ 和

$\beta(Fe_3SiAl_{12})$。

在 Al-10% Fe 合金中，初晶相比例较大，呈长条状（图7-7）。从 Al-Fe 二

图 7-6   Al－12.6％Si 合金显微组织

（状态：铸造、快冷；腐蚀剂：0.5％HF 水溶液；放大倍数：100×；组织
分析：亚共晶组织，Al_{树枝状初晶白色}＋（Al＋Si）_{细针状共晶}）

元相图可知，富 Al 的 Al－Fe 系二元合金也有同样规律，也存在共晶反应，共晶成分点为 99.95％Al，因而初晶相比例较大。

图 7-7   Al－10％Fe 合金显微组织

（状态：铸造；腐蚀剂：未蚀；放大倍数：120×；

组织分析：θ（FeAl₃）_{长条状初晶}＋（θ＋Al）_{共晶}）

（三）二元合金中共析组织特征

共析转变产物组织一般是两相大致平行、互相交替的片层所组成的领域，也有呈球状的，比共晶更为细小。Cu－Al 系共析组织（图 7-8）即属此类。

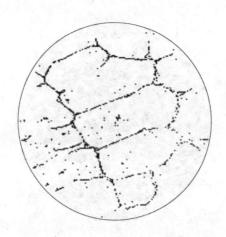

图 7-8　Cu – 10% Al 合金的显微组织

（状态：铸造；腐蚀剂：0.5% HF 水溶液；放大倍数：100 × ；

组织分析：$Cu_{初晶} + Al_4Cu_9$ ）

（四）二元合金中包晶组织特征

在正常凝固条件下，包晶成分的合金在冷却到液相线以下温度时，首先析出初晶相；冷却到包晶转变温度以下时，初晶相和周围溶液反应，形成新相，反应在固相 – 液相界面上发生，组织中出现包晶反应生成物包围着先析出相的特征。在缓慢冷却时，原子可以通过新相向界面扩散，继续进行包晶转变，因此，最后可得到均匀的多边形晶粒，与单相固溶体组织相比，组织上并没有特殊之处。当铸造生产时，冷却比较快的条件下，扩散来不及充分进行，凝固的组织中常常看到残留的、被包晶反应形成的新相所包围的先结晶固相。

对于非包晶成分的合金，具有过量的先结晶固相时，即使缓慢冷却，也会出现"包晶"组织。快速凝固时，先结晶相的残留量增多（图 7-9）。

三、实验设备及材料

（1）金相显微镜。

（2）试样。

1）固溶体合金：具有枝晶偏析的铸态组织，均匀化后的组织；

2）共晶系合金：共晶、亚共晶及过共晶合金的铸态组织。共晶体应包括金属 – 金属型和金属 – 非金属型两类；

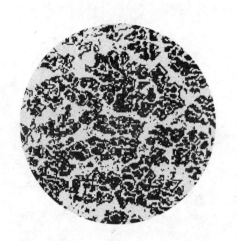

图 7-9   Fe – 16% Sb 合金的显微组织

（状态：铸造；腐蚀剂：3% 硝酸酒精溶液；放大倍数：100 × ；

组织分析：包晶反应不平衡组织 + 隐蔽共晶）

3）包晶组织。

四、实验方法及步骤

学完二元系相图后，进行本实验，由实验室提供试样，同学们利用二元相图，判别各合金组织类型，分析各种组织形态特征，弄清二元合金组织分析方法。

五、实验报告要求

（1）在表 7-1 中绘出组织示意图，应注明合金成分、状态、放大倍数及各组织组成物的名称等；

（2）从标准样品的显微组织中分清组织组成物及组织特征，说明确定某相/组织的根据；

（3）结合相图讨论不同类型二元合金的结晶过程和缓慢冷却时所获得组织的一般规律；

（4）选择一两个合金计算其平衡组织中各项的相对含量，并测出对应试样金相面上各项的面积分数；

（5）在完成的实验报告中，尽量做到准确、简练地讨论各类组织。

表 7-1　实验结果记录表

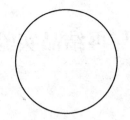

材料名称：

处理状态：

浸蚀剂：

放大倍数：

组织：

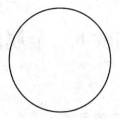

材料名称：

处理状态：

浸蚀剂：

放大倍数：

组织：

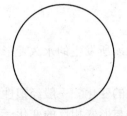

材料名称：

处理状态：

浸蚀剂：

放大倍数：

组织：

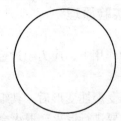

材料名称：

处理状态：

浸蚀剂：

放大倍数：

组织：

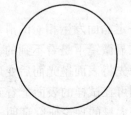

材料名称：

处理状态：

浸蚀剂：

放大倍数：

组织：

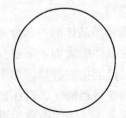

材料名称：

处理状态：

浸蚀剂：

放大倍数：

组织：

实验 8　金属的塑性变形与再结晶实验

一、实验目的

（1）了解金属经冷加工变形和再结晶退火后的组织特征；

（2）研究变形度对冷塑性变形金属再结晶退火后的晶粒大小的影响；

（3）了解金属材料塑性变形加工工艺时应注意的问题。

二、实验原理

在外力作用下，应力超过金属的弹性极限时金属所发生的永久变形称为塑性变形。

金属经受塑性变形后，其组织和性能发生很大的变化。一般经塑性变形的金属绝大多数要进行退火。退火会使组织和性能发生与形变相反的变化，这个过程称作回复与再结晶。本实验着重研究冷塑性变形及再结晶退火对金属组织和性能的影响。重点讨论下面几个问题。

（一）金属塑性变形的基本方式

金属单晶体的塑性变形有"滑移"与"孪生"等不同的方式，但一般均以滑移方式进行。

所谓滑移即晶体的一部分相对于另一部分沿一定晶面发生相对的滑动。滑移的结果会在晶体的表面上形成台阶。但这种台阶在显微镜下是看不到的，因为在制备试样时已经把它磨掉。如果我们拿一块纯铝，先将表面抛光而后变形，就发现抛光表面变得粗糙了，再在显微镜下观察时，则可在试样的表面上看到很多相互平行的线条，这些线条称为滑移带。近数十年来大量的理论研究证明，滑移是由滑移面上的位错运动造成的。

一般变形均是以滑移的方式进行。但有些金属如六方晶系的锌、镉、镁等，当其滑移发生困难时常以孪生的方式进行变形。

所谓孪生就是晶体中一部分以一定的晶面为对称面，与晶体的另一部分发生相对移动。孪生的结果是孪晶面两侧的位向发生变化，呈镜面对称。所以孪晶变形后重新磨光、腐蚀时，能看到较宽的变形痕迹——孪晶带。

（二）金属冷变形后的组织和性能变化

金属材料在外力作用下产生塑性变形时，不仅其外形发生变化，而且其内部晶粒的形状也发生变化。随着变形量的加大其内部晶粒被压扁或拉长，当形变量很大时，各晶粒将会被拉长成为细条状或纤维状。此时金属的性能也将会具有明显的方向性。塑性变形不仅使晶粒的外形发生变化，而且也使晶粒内部发生变化，除了产生滑移带、孪晶带以外，还会使晶粒破碎，形成亚结构，使位错密度增加。同时，由于晶粒破碎，位错密度增加，金属的塑性变形抗力迅速增大，产生所谓"加工硬化"现象。

另外，在塑性变形过程中，当形变量很大，金属的组织将会出现一种所谓"择优取向"（或称"织构"）现象。金属中形变织构的形成，会使性能呈现明显的各向异性。

（三）冷变形金属再结晶退火后的晶粒度

变形金属在再结晶退火后所得到的晶粒度对其力学性能有极其重要的影响，不仅影响金属的强度和塑性，而且还影响金属的冲击韧性。为了正确掌握变形金属的退火质量，了解金属材料经再结晶退火后晶粒度的变化是很重要的。影响金属材料再结晶退火后的晶粒度的因素很多，最主要是再结晶退火温度及冷变形度。

（1）加热温度的影响：再结晶退火时的加热温度越高，金属的晶粒便越大，如图 8-1 所示。

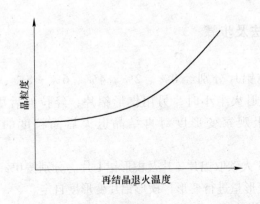

图 8-1　再结晶退火时加热温度对晶粒度的影响

（2）变形度的影响：变形度越大，再结晶后的晶粒便越细。但当变形度很少时，由于金属的晶格畸变很小，不足以引起再结晶，故再结晶后的晶粒比较粗大。这个变形度称为"临界变形度"（如图 8-2 所示）。生产中应尽量避免这一范围的加工变形，以免形成粗大晶粒而降低性能。

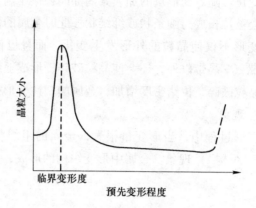

图 8-2　再结晶退火时晶粒度与预先变形程度的关系

三、实验设备及材料

（1）拉伸机、加热炉；

（2）纯铝实验片；

（3）腐蚀剂。

四、实验方法及步骤

本实验是将纯铝片分别经 0%、2%、4%、6%、8%、12%、18% 的冷变形后再用 600℃ 退火半小时，另用楔形铝片，经拉伸后用 600℃ 退火半小时，在这些铝片上观察变形度对再结晶退火后晶粒度的影响。具体步骤如下：

（1）每组 7~8 人领取铝片 7 片及楔形铝 1 片。分别按 0%、2%、4%、6%、8%、12%、18% 变形量进行变形，楔形铝片变形度自定。

（2）变形后将铝片放在炉中，加热至 600℃ 退火半小时。

（3）退火后用 75% HCl、20% NHO_3、5% HF 溶液擦拭，边擦边用水洗，直至晶粒完全暴露为止。

五、实验报告要求

（1）做出晶粒大小与预先变形度的关系曲线，找出临界变形度；

（2）画出楔形铝片的再结晶晶粒组织图，分析组织特征；

（3）试分析预先变形度对晶粒大小的影响；

（4）根据所学知识试说明在编制金属材料塑性变形加工工艺时应注意的问题。

第二部分

材料现代分析测试实验

实验 9　X 射线衍射技术及物相定性分析

一、实验目的

（1）熟悉 X 射线衍射仪的构造、工作原理和操作方法；
（2）掌握 X 射线衍射物相定性分析的原理和实验方法；
（3）熟悉 PDF 卡片的查找方法和物相检索方法。

二、实验原理

（一）X 射线衍射仪的工作原理

衍射仪是进行 X 射线分析的重要设备，主要由 X 射线发生器、测角仪、X 射线强度测量系统以及衍射仪控制与衍射数据采集、处理系统四大部分组成。图 9-1 给出了 X 射线粉末衍射仪示意图。

X 射线发生器主要由高压发生器和 X 射线管组成，它是产生 X 射线的装置。由 X 射线管发射出的 X 射线包括连续 X 射线光谱和特征 X 射线光谱。连续 X 射线光谱主要用于判断晶体的对称性和进行晶体定向的劳埃法，特征 X 射线用于进行晶体结构研究的旋转单晶法和进行物相鉴定的粉末法。测角仪是衍射仪的重要部分，其光路图如图 9-2 所示。X 射线源焦点与计数管窗口分别位于测角仪圆周上，样品位于测角仪圆的正中心。在入射光路上有固定式梭拉狭缝和可调式发散狭缝，在反射光路上也有固定式梭拉狭缝和可调式防散射狭缝与接收狭缝。有的衍射仪还在计数管前装有单色器。当给 X 光管加以高压，产生的 X 射线经由发射狭缝射到样品上时，晶体中与样品表面平行的晶面，在符合布拉格条件时即可

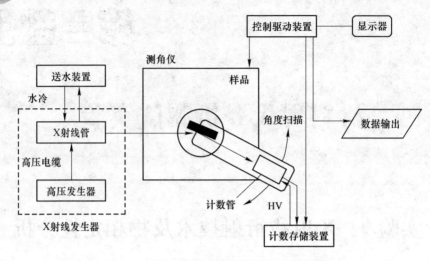

图 9-1　X 射线衍射分析仪器构成的基本框图

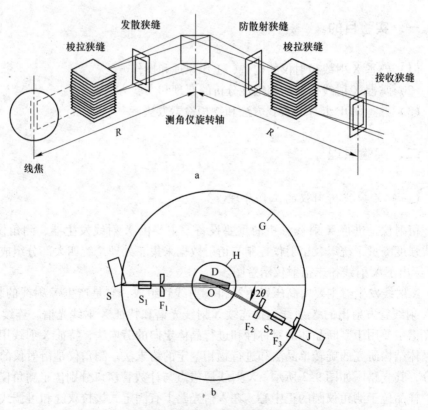

图 9-2　X 射线衍射仪测角仪的衍射几何光路及构造

a—轴线平行图面；b—轴线垂直图面

D—试样；J—辐射探测器；G—大转盘（测角仪圆）；H—样品台；F₁—发散狭缝；F₂—防散射狭缝；

F₃—接收狭缝；S—X 射线源；S₁—入射光路梭拉狭缝；S₂—反射光路梭拉狭缝

产生衍射而被计数管接收。当计数管在测角仪圆所在平面内扫射时，样品与计数管以 1∶2 速度联动。因此，在某些角位置能满足布拉格条件的晶面所产生的衍射线将被计数管依次记录并转换成电脉冲信号，经放大处理后通过记录仪扫描绘成衍射图，如图 9-3 所示。

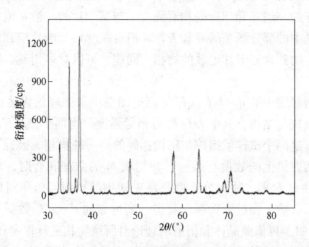

图 9-3　X 射线衍射图谱

（二）物相定性分析原理

所谓定性相分析就是根据 X 射线衍射图谱，判别分析试样中存在哪些物相的分析过程。

X 射线照射到结晶物质上，产生衍射的充分必要条件为

$$2d\sin\theta = n\lambda$$

$$F_{hkl} \neq 0 \tag{9-1}$$

第一个公式确定了衍射方向。在一定的实验条件下衍射方向取决于晶面间距 d，而 d 是晶胞参数的函数；第二个公式示出衍射强度与结构因子 F_{hk} 的关系，衍射强度正比于 F_{hk} 模的平方。

F_{hk} 的数值取决于物质的结构，即晶胞中原子的种类、数目和在空间排列方式，因此决定 X 射线衍射谱中衍射方向和衍射强度的一套面间距 d 和衍射强度 I 的数值是与一定确定结构相对应的。这就是说，任何一个物相都有一套 $d-I$ 特征值，两种不同物相的结构稍有差异其衍射谱中的 d 和 I 将有区别。这就是应用 X 射线衍射分析和鉴定物相的依据。所以材料的定性物相分析，就是要确定材料含有什么物相。由衍射原理可知，物质的 X 射线衍射花样，与物质的内部晶体结构有关。每种结晶物质都有特定的结构参数（包括晶体结构类型，晶胞大小，晶胞中原子、离子或分子的位置和数目等），因此，没有两种结晶物质会给出完全

相同的衍射花样。因此，根据某一待测试样的衍射图谱，不仅可以知道物质的化学组成，还能知道它们的存在状态。当试样为多相混合物时，其衍射花样为各组成相衍射花样的叠加。显然，如果事前对每种单相物质都测定一组面间距 d 值和相应的衍射强度（相对强度），并制成卡片，那么在测定多相混合物的物相时，只需将待测试样的一组 d 和相应的相对强度，与某卡片的一组 d 值和相对强度进行比较，一旦其中的部分线条的 d 和 I/I_1（相对强度）与卡片记载的数据完全吻合，则多相混合物就含有卡片记载的物相。同理，可以对多相混合物的其余相逐一进行鉴定。

一种物相衍射谱中的 $d - I/I_1$（I_1 是衍射图谱中最强峰的强度值）的数值取决于该物质的组成与结构，其中 I/I_1 称为相对强度。当两个试样的 $d - I/I_1$ 数值都对应相等时，这两个试样就组成与结构相同的同一种物相。因此，当某一未知物相的试样其衍射谱上的数值与某一已知物相 M 的数据相合时，即可认为未知物即是 M 相。由此看来，物相分析就是将未知物的衍射实验所得的结果，考虑各种偶然因素的影响，经过去伪存真获得一套可靠的 $d - I/I_1$ 数据后与已知物相的 $d - I/I_1$ 相对照，再依照晶体和衍射的理论对所属物相进行肯定和否定。目前，已经测量大约 140000 种物相的 $d - I/I_1$ 数据，每个已知物相的 $d - I/I_1$ 数据制作成一张 PDF 卡片，若未知物在已知物相的范围之内，物相分析工作即是实际可行的。

（三）PDF 卡片检索方法

PDF 卡片检索的发展已经历了三代，第一代是通过检索工具书来检索纸质卡片，现在已经被淘汰。第二代是通过一定的检索程序，按给定的检索窗口条件对光盘卡片进行检索（如 PCPDFWin 程序）。现代 X 射线衍射系统都配备有自动检索系统，通过图形对比方式检索多物相样品中的物相（如 MDI Jade、EVA 软件等）。

三、实验设备及材料

（1）X 射线衍射仪；

（2）实验样品；

（3）JCPDS 数据库；

（4）MDI Jade 软件。

四、实验方法及步骤

测量样品衍射图谱包括样品制备、实验参数选择和样品测试。

（一）样品制备

衍射仪采用平板状样品，样品板为一表面平整光滑的矩形铝板或玻璃板，其上开有一矩形窗孔或不穿透的凹槽。粉末样品就是放入样品板的凹槽内进行测定的，具体的制样步骤为：

（1）将被测试样在玛瑙研钵中研磨成 $10\mu m$ 左右的细粉。

（2）将适量研磨好的细粉填入凹槽，压实，并用平整光滑的玻璃板将其压紧。

（3）将凹槽外或高出样品面板的多余粉末刮去。重新将样品压平，使样品表面与样品板面一样平齐光滑。

（二）实验参数选择

（1）狭缝：狭缝的大小对衍射强度和分辨率都有很大影响。大的狭缝可以得到较大的衍射强度，但降低了分辨率；小的狭缝提高分辨率，但损失了衍射强度。一般如需要提高强度适宜选大些的狭缝，需要高分辨率时宜选小些的狭缝，尤其是接收狭缝对分辨率影响更大，一般宽度为 0.15~0.3mm。防散射狭缝一般选用与发散狭缝相同的光阑。每台衍射仪都配有各种狭缝以供选用。

（2）扫描角度范围：不同样品其衍射峰的角度范围不同，已知样品根据样品的衍射峰选择合适的角度范围，未知样品一般选择5°~70°。

（3）扫描速度：扫描速度是指计数管在测角仪圆上连续均匀转动的角速度，以（°）/min 表示。一般物相分析时，常采用2°~4°/min。慢速扫描可使计数器在某衍射角度范围内停留的时间更长，接受的脉冲数目更多，使衍射数据更加可靠，但需要花费较长的时间。对于精细的测量应当采用慢扫描，物相的预检或常规定性分析可采用快速扫描。在实际应用中应根据测量需要选用不同的扫描速度。

（三）样品测试

（1）接通总电源，开启循环水冷机，开启衍射仪总电源，打开计算机。

（2）缓慢升高管电压、管电流至需要值；将制备好的试样插入衍射仪样品台；打开计算机 X 线衍射仪应用软件，设置合适的衍射条件及参数，开始样品测试，并自动保存测量数据。

（3）测量完毕，缓慢降低管电流、管电压至最小值，关闭 X 光管电源；取出试样；30min 后关闭循环水冷机及总电源。

（四）数据分析

（1）打开物相分析软件 MDI Jade；

（2）读取测试样品的数据文件；

（3）对原始数据进行寻峰标记、平滑和扣背景处理；

（4）选定物相检索的条件，进行物相鉴定；

（5）保存并打印物相鉴定结果。

（五）物相分析应注意的问题

1. 制样时应注意的问题

（1）样品粉末的粗细：样品的粗细对衍射峰的强度有很大的影响。要使样品晶粒的平均粒径在 $5\mu m$ 左右，以保证有足够的晶粒参与衍射。并避免晶粒粗大、晶体的结晶完整，亚结构过大或镶嵌块相互平行，使其反射能力降低，造成衰减作用，从而影响衍射强度。

（2）样品的择优取向：具有片状或柱状完全解理的样品物质，其粉末一般都呈细片状，在制备样品过程中易于形成择优取向，形成定向排列，从而影响各衍射峰之间的相对强度发生明显变化，有的甚至是成倍地变化。对于此类物质，要想完全避免样品中粉末的择优取向，往往是难以做到的。不过，对粉末进行长时间（例如达 $0.5h$）的研磨，使之尽量细碎，制样时尽量轻压，这些措施都有助于减少择优取向。

2. 对于物相衍射图谱分析鉴定时应注意的问题

实验所得出的衍射数据，往往与标准卡片或表上所列的衍射数据并不完全一致，通常只能是基本一致或相对地符合。尽管两者所研究的样品确实是同一种物相，也会是这样。因而，在数据对比时注意下列几点，可以有助于做出正确的判断：

（1） d 值比 I/I_1 值重要。实验数据与标准数据两者的 d 值必须很接近，一般要求其相对误差在 $\pm 1\%$ 以内。 I/I_1 值允许有较大的误差。这是因为晶面间距 d 值是由晶体结构决定的，它是不会随实验条件的不同而改变的，只是在实验和测量过程中可能产生微小的误差。然而， I/I_1 值却会随实验条件（如靶的不同、制样方法的不同等）不同产生较大的变化。

（2）低角度数据比高角度数据重要。对于不同物相，低角度 d 值相同的机会很少，即出现重叠线的机会很少，但对于高角区的线（ d 值很小的线），不同物相之间相互近似的机会就增多。此外，当使用波长较长的 X 射线时，就会使高角度线消失，但低角度线则总是存在的。因此，在对比衍射数据时，对于无机材料，应较多地重视低角度的线，特别是 $2\theta = 20° \sim 60°$ 的线。

（3）强线比弱线重要。强线代表了主成分的衍射，较易被测定，且出现的情况比较稳定。弱线则可能由于其物相在试样中的含量低而缺失或难以分辨。因此，在核对衍射数据时应对强线给予足够的重视，特别是低角度区的强线。

当混合物中某相的含量很少时，或某相各晶面反射能力很弱时，它的衍射线条可能难于显现，因此，X 射线衍射分析只能肯定某相的存在，而不能确定某相的不存在。

（4）注意鉴定结果的合理性。在物相鉴定前，应了解试样的来源、产状、处理过程、做过的其他各种分析测试结果、可能存在的物相及其物理性质，这有利于快速检索物相，也有利于对物相准确的鉴定。

任何方法都有局限性，有时 X 射线衍射分析时往往要与其他方法配合才能得出正确结论。

五、实验报告要求

（1）简要说明 X 射线衍射仪的结构和工作原理；

（2）简述物相定性分析的原理；

（3）试述 X 射线衍射物相分析步骤及其鉴定时应注意的问题。

实验 10　点阵常数的精确测量

一、实验目的

(1) 掌握 X 射线精确测量物相点阵常数的实验方法及数据处理方法；

(2) 熟悉晶体结构参数精密化处理的原理与方法；

(3) 了解 X 射线衍射法测量点阵常数的实验误差来源。

二、实验原理

晶胞参数需由已知指标的晶面间距来计算，因此，如果要精确测定晶胞参数，首先要对晶面间距测定中的系统误差进行分析。晶面间距 d 的测定准确度取决于衍射角的测定准确度，可分为三方面对此进行讨论。

(一) 衍射角的测量误差 $\Delta\theta$ 与 d 值误差 Δd 的关系

微分布拉格方程可以得到

$$\frac{\Delta d}{d} = -\Delta\theta\cot\Delta\theta \tag{10-1}$$

从上式可见，对于在较高角度下产生的衍射，同样大小的 $\Delta\theta$ 值引起的 Δd 值较小，当 θ 接近 $90°$ 时，由 $\Delta\theta$ 产生的 Δd 也趋于零（见表 10-1）；另外，较高角度衍射的衍射角对晶体 d 值的变化或差异更加敏感。因此，无论是为了精确测定晶胞参数或者是为了比较结构参数的差异或变化，原则上都应该尽可能使用高角度衍射线的数据。

表 10-1　当 $\Delta\theta = 0.01°$ 时，对于不同衍射角的晶面所引入的 d 值测定的相对误差 $\Delta d/d$

$\theta/(°)$	10	20	40	60	80
$\Delta d/d/\%$	0.099	0.048	0.021	0.010	0.003

(二) 衍射角测定中的系统误差

所谓"精确测定"包括了两方面的要求：首先测定值的精密度要高，偶然误差要小；其次要求测定值要正确，系统误差也要小，并且要进行校正。

多晶衍射仪的 θ 角测定值对于尖锐并且明显的衍射线有很好的精度，可以达到 ± 0.01 的水平。衍射角测定中的系统误差有以下两方面的来源：一是物理因素带来的，如 X 射线折射的影响及波长色散的影响等；二是测量方法的几何因素产生的。前者仅在极高精确度的测定中才需要考虑，而后者引入的误差则是精确测定时必须进行校正的。

（三）精确测定晶胞参数的方法

为了精确测定晶胞参数，必须得到精确的衍射角数据。衍射角测量的系统误差很复杂，通常用下述的两种方法进行处理：

（1）用标准物质进行校正。现在已经有许多可以作为"标准"的物质，其晶胞参数都已经被十分精确地测定过。因此可以将这些物质掺入被测样品中制成试片，应用已知的精确衍射角数据和测量得到的实验数据进行比较，便可求得扫描范围内不同衍射角区域中的 2θ 校正值。这种方法简便易行，通用性强，但其缺点是不能获得比标准物质更准确的数据。

（2）外推法精确计算点阵常数。这是修正晶胞参数的方法。假定实验测量的系统误差已经为零，那么从实验的任一晶面间距数据求得的同一个晶胞参数值在实验测量误差范围内应该是相同的，但实际上每一个计算得到的晶胞参数值里都包含了由所使用的 θ 测量值系统误差所引入的误差（例如，若被测物质属立方晶系，其 θ 角测定十分准确，那么依据任何一个 θ 数据所计算的晶格常数 a_0 值都应在测量误差范围之内，而与 θ 值无关，然而实际上 a_0 的计算值是与所依据的 θ 值相关的），大多数引起误差的因素在 θ 趋向 90° 时其影响都趋向于零，因此可以通过解析或做图的方法外推求出接近 90° 时的 θ 数据，从而利用它计算得到晶胞参数值。

三、实验设备及材料

（1）X 射线衍射仪；
（2）单相样品 Al – Zn – Mg 合金固溶体。

四、实验方法及步骤

以测量 Al – Zn – Mg 合金固溶体的点阵常数为例。

（1）采用步进扫描方式扫描，实验条件为扫描范围 $2\theta = 35° \sim 14°$，步进宽度 0.02°，步进时间 1s，狭缝系统为 0.15°，发散狭缝 0.15°，0.3mm。

（2）进入 Jade，打开数据文件。

（3）检索物相，扣除背景和 $K_{\alpha 2}$，平滑。

（4）获得各个衍射峰准确的衍射角：选择合适的峰形函数，对图谱反复进行拟合，直到拟合误差 R 值不再变小，一般 R 值小于9%。如图10-1所示。

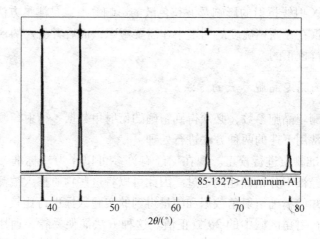

图 10-1　图谱拟合

（5）晶胞精修：选择 Options-Cell Refinement，如图10-2所示。

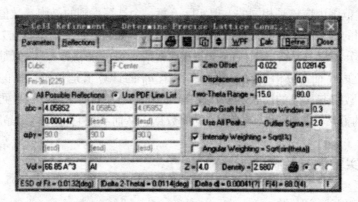

图 10-2　晶胞精修界面

按图10-2中的"Refine"按钮，软件自动进行晶胞参数的校正处理，得到精确的晶格常数 $a_0 = 0.405852$nm （4.05852×10^{-10}m）。

五、实验报告要求

（1）任意选择一种单相样品作为待测试样，按实验步骤完成实验数据的扫描和点阵常数的精修，得出待测样品的晶胞参数；

（2）分析点阵常数精确测量的误差来源及消除办法。

实验 11　表面残余应力的测量

一、实验目的

（1）了解金属材料残余应力的种类；
（2）掌握 X 射线衍射法测量金属材料表面残余应力的原理和实验方法。

二、实验原理

零件或材料内部的应力状态对受力构件的使用寿命有重要影响和直接作用。所谓的残余应力是，即使构件不受外力作用，其内部仍然可能存在着不均匀而且在自身范围内平衡的应力场。

根据残余应力平衡的范围，可以把残余应力划分为宏观残余应力和微观残余应力两类。宏观残余应力是指整个物体的大范围内平衡的应力。例如，大体积的金属在凝固、相变和冷却过程中因体积变化的大小和先后不同而在冷却或相变之后残存于物体内部的应力，也称作第一类内应力。从晶粒大小到原子间距尺度范围内平衡的残余应力称作微观残余内应力，也称作第二、第三类内应力。各种晶体缺陷以及微观不均匀的变形和相变引起的应力属于这类残余应力。

含有宏观残余应力的物体，在较小的体积范围内弹性应变大体上是均匀分布的，同时，物体的表面不存在三轴应力，最多的是平面应力状态。假设其主应力 σ_1 和 σ_2 平行于试样表面，在试样表面法线方向的 $\sigma_3 = 0$，如图 11-1 所示。这时，垂直表面方向的正应变为

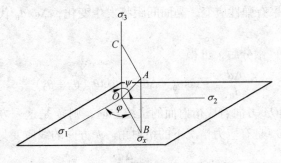

图 11-1　宏观应力的方向

$$\varepsilon_3 = -\frac{v}{E}(\sigma_1 + \sigma_2) \tag{11-1}$$

OA 方向的方向余弦是 $\cos\alpha$、$\cos\beta$、$\cos\psi$（其中 α、β、ψ 分别是 OA 方向与 σ_1、σ_2、σ_3 之间所夹的空间角），则该方向的正应变为

$$\varepsilon_\psi = \varepsilon_1\cos^2\alpha + \varepsilon_2\cos^2\beta + \varepsilon_3\cos^2\psi \tag{11-2}$$

过 σ_3 与 OA 做一个平面 $OCAB$，其中 OB（σ_x 方向）与 σ_1 的夹角为 φ，可以把式（11-2）改成

$$\varepsilon_\psi = \varepsilon_1\sin^2\psi\cos^2\varphi + \varepsilon_2\sin^2\psi\sin^2\varphi + \varepsilon_3\cos^2\psi \tag{11-3}$$

继而：

$$\varepsilon_\psi - \varepsilon_3 = \varepsilon_1\sin^2\psi\cos^2\varphi + \varepsilon_2\sin^2\psi\sin^2\varphi - \varepsilon_3\sin^2\psi \tag{11-4}$$

令 σ_x 和 ε_x 分别是物体表面 x 方向的残余应力及应变，根据平面应力状态下的虎克定律及关系式：

$$\varepsilon_x = \varepsilon_1\cos^2\varphi + \varepsilon_2\sin^2\varphi \tag{11-5}$$

代入式（11-4）就可以推导出

$$\varepsilon_\psi - \varepsilon_3 = \frac{1+v}{E}\sigma_x\sin^2\psi \tag{11-6}$$

当残余应力是定值时，σ_x 和 ε_3 都是常数。ε_ψ 是角 ψ 的函数，把式（11-6）以 $\sin^2\psi$ 为变量求导，则

$$\varepsilon_\psi - \varepsilon_3 = \frac{1+v}{E} \times \frac{\partial\varepsilon_\psi}{\partial\sin^2\psi} \tag{11-7}$$

这时的残余应力测量就成为 ε_ψ 与 $\sin^2\psi$ 的关系了。

没有应力时，如果用一束单色 X 射线对物体入射，则衍射条件满足布拉格方程：

$$n\lambda = 2d_0\sin\theta_0 \tag{11-8}$$

式中　n——反射级；

λ——入射线的波长；

d_0——衍射晶面的晶面间距；

θ_0——入射角。

物体内部如果有弹性应变，晶面间距将发生变化，$\Delta d/d_0$ 代表这组晶面的正应变。

把式（11-8）微分后，可得

$$\frac{\Delta d}{d_0} = -\cot\theta_0 \cdot \Delta\theta = -\cot\theta_0(\theta_\psi - \theta_0) \tag{11-9}$$

若把图中的 OA 方向看成衍射面的法线方向，则 ψ 是这一方向与试样表面法线方向的夹角，θ_ψ 是有应力情况下的衍射角。ψ 方向的线应变为

$$\varepsilon_\psi = \frac{\Delta d}{d_0} \tag{11-10}$$

把式（11-10）和式（11-9）代入式（11-6）得

$$\sigma_x = \frac{-E}{2(1+v)} \times \frac{\pi}{180}\cot\theta_0 \, \frac{\partial(2\theta_\psi)}{\partial\sin^2\psi} \tag{11-11}$$

令

$$M = \frac{\partial(2\theta_\psi)}{\partial\sin^2\psi}, \quad K = \frac{-E}{2(1+v)} \times \frac{\pi}{180}\cot\theta_0 \tag{11-12}$$

则

$$\sigma_x = KM \tag{11-13}$$

式中，K 为常数，当被测材料、衍射晶面和辐射波长确定以后，不难计算出 K 值。而计算 M 值时，要以不同的几个角度 ψ 把 X 射线投射到试样表面，利用扫描计数器测出衍射的位置 $2\theta_\psi$，并且以 $2\theta_\psi$ 对 $\sin^2\psi$ 做图得到曲线，该曲线的斜率就是 M。最后，试样表面 x 方向分量就能按式（11-13）求出。

三、实验设备及材料

（1）X 射线衍射仪；
（2）钢锯片试样。

四、实验方法及步骤

在使用 X 射线衍射仪测量应力时，试样与探测器 $\theta-2\theta$ 关系联动，属于固定 ψ 法。通常令 $\psi=0°$、$15°$、$30°$、$45°$，测量数次。

当 $\psi=0°$ 时，与常规使用衍射仪方法一样，将探测器（记数管）放在理论算出的衍射角 2θ 处，此时入射线及衍射线相对于样品表面法线呈对称放置配置。然后使试样与探测器按 $\theta-2\theta$ 联动。在 2θ 处附近扫描得出指定的 HKL 衍射线的图谱。当中 $\psi\neq0°$ 时，将衍射仪测角台的 $\theta-2\theta$ 联动分开。先使样品顺时针转过一个规定的 ψ 角后，而探测器仍处于零；然后联上 $\theta-2\theta$ 联动装置在 2θ 处附近进行扫描，得出同一条 HKL 衍射线的图谱。

最后，做 $2\theta-\sin^2\psi$ 的关系直线，最后按应力表达 $\sigma = K\Delta\dfrac{2\theta}{\Delta\sin^2\psi} = KM$ 值。

以钢锯片表面加工后的残余应力测量为例介绍实验步骤。

（1）样品制备。用线切割方法从钢锯片上切取不小于 $10mm \times 10mm$ 大小的一块试样作为实验待测样品。为保证样品表面的应力状态不受破坏，只需用清洗剂清除表面的油污，不得将表面重压、变形、抛光。

（2）对样品做 $2\theta=90° \sim 140°$ 范围的全谱扫描。选择一个峰形较好、衍射强度较高的高角度衍射峰作为测量晶面。这里选择 Fe（211）作为测量晶面。

（3）分别取 ψ = 0°、15°、30°和 45°，按侧倾法，辐射为 Co 靶，用慢速度（1°/min）扫描。

（4）用 Jade 打开衍射数据文件，做平滑处理，如图 11-2 所示。

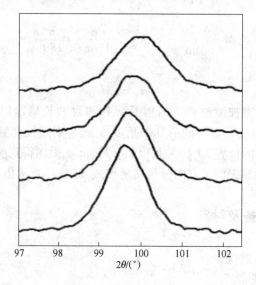

图 11-2　平滑处理

（5）选择 Options-Stress Calculate 命令，进入应力计算窗口，如图 11-3 所示。

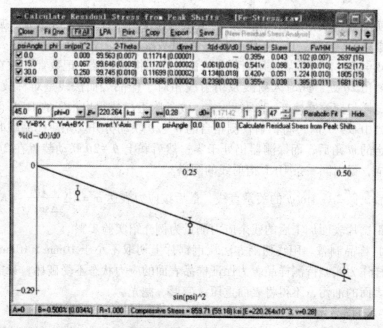

图 11-3　应力计算窗口

（6）输入常数值。在"Psi-Angle"栏下依次输入各个 ψ 值，在"$E=$"和"$v=$"处输入材料的弹性模量和泊松比。

（7）计算。按下"Fit All"按钮，计算出材料的残余应力。从计算窗口可知，锯片表面经加工后，残余内应力为压应力，$\sigma = -859.71$（± 59.18）MPa。相对于残余应力值来说，误差值较小，说明材料表面不存在应力梯度，峰形拟合结果准确，测量结果可靠。

五、实验报告要求

（1）选择一种加工态金属材料，以样品的一个方向为测量方向，测量该方向的表面残余应力，然后将样品转 90°，测量该方向的残余应力。根据测量结果写出实验报告。

（2）简单说明残余应力的分类以及对材料性能的影响。

实验 12　宏观织构的测定

一、实验目的

(1) 掌握材料宏观织构的 X 射线衍射测量方法；
(2) 学会分析极图、反极图和三维取向分布函数（简称 ODF）。

二、实验原理

（一）极图

极图是一种描绘织构空间取向的极射赤面投影图。它是将各晶粒中某一低指数的 $\{HKL\}$ 晶面和试样的外观坐标（例如轧面法向、轧向和横向，或与丝织构轴平行或垂直的方向）同时投影到某个外观特征面（例如轧面或与丝织构轴平行或垂直的面）的极射赤面投影图。对一个试样可用几种不同指数 $\{HKL\}$ 的晶面分别测绘几个极图。每个极图用被投影的晶面指数命名。例如 100 极图、110 极图、111 极图等。对同一试样，不同指数的极图虽然其表现形式不同，但它们都反映同一个取向的分布状态，其分析结果应该是完全相同的。

（二）反极图

反极图也是一种极射赤面投影表示方法。与极图的区别在于，极图是各晶粒中 $\{HKL\}$ 晶面在试样外观坐标系（轧面法向、轧向、横向）中所做的极射赤面投影分布图；而反极图是各晶粒对应的外观方向（轧面法向、轧向、横向）在晶体学取向坐标系中所做的极射赤面投影分布图。由于两者的投影坐标系与被投影的对象刚好相反，故称为反极图。因为晶体中存在对称性，故某些取向在结构上是等效的。对立方晶系，晶体的标准极射赤面投影图被 $\{100\}$、$\{110\}$ 和 $\{111\}$ 三个晶面簇极点分割成 24 个等效的极射赤面投影三角形，所以立方晶系的反极图用单位极射赤面投影三角形 $[001]$–$[011]$–$[111]$ 表示。六方晶系和斜方晶系的反极图坐标系和投影三角形分别为 $[0001]$–$[10\bar{1}0]$–$[11\bar{2}0]$ 和 $[001]$–$[100]$–$[010]$。

（三）织构的取向分布函数

晶体取向分布是三维空间的，而极图和反极图都是通过极射赤面投影的方法，将三维空间分布的晶体取向在二维平面上表达出来。显然它们不能包含晶体取向分布的全部信息。1965 年 R. J. Roe 和 H. J. Bunge 各自独立地同时提出织构分析的取向分布函数（orientation distribution function）方法，简称 ODF 方法。该方法可将试样的轧面法向、轧向和横向三位一体地在三维晶体学取向空间表示出来。因而它能完整、确切和定量地表示织构内容。

（四）测量方法

测绘极图需要探测某一低指数晶面在试样的每个晶粒（至少是绝大多数晶粒）中的极密度 $q_{HKL}(\chi, \varphi)$。由于晶面极密度与其相应的衍射强度 $I_{HKL}(\chi, \varphi)$ 成正比，因此，实际测量的是各晶粒中某一 $\{HKL\}$ 晶面的衍射强度 $I_{HKL}(\chi, \varphi)$。

为了探测 $\{HKL\}$ 晶面各种取向的衍射强度 $I_{HKL}(\chi, \varphi)$，必须使试样能做各个方位的转动，以便使每个晶粒中的 $\{HKL\}$ 晶面都有可能处于衍射方位。必须采用专门的织构测角仪，在织构测角仪上有三个自旋轴：测角仪轴、尤拉环中心轴和试样台中心轴。这三个自旋轴在测角仪平面上相交于一点，这个交点称为旋转中心。尤拉环中心轴可以以旋转中心为支点在测角仪平面内转动，试样台中心轴可以以旋转中心为支点在尤拉环中心环面内转动。根据上述布置，归纳起来试样可实现三种转动：

（1）绕测角仪轴转动，转动角用 ω 表示；

（2）绕尤拉环中心轴转动，转动角用 χ 表示；

（3）绕试样台中心轴转动，转动角用 φ 表示。

此外，计数器安装在 2θ 圆环上，也可以绕测角仪轴在测角仪平面内转动。上述四种转动相互配合，就可以从试样各个方位来探测各晶粒中 $\{HKL\}$ 晶面的行射强度 $I_{HKL}(\chi, \varphi)$。

现在一般的实验方法是用反射法测绘平板试样的多张不完整极图，通过计算得到取向分布函数（ODF）和反极图。

三、实验设备及材料

（1）仪器：德国 Bruker D8 Discover X 射线行射仪；

（2）应用软件：Bruker Texture Evaluation Program；

（3）试样制备：试样材质为纯铝靶材板，经冷轧和稳定化处理后，切取试样尺寸为 15mm×15mm 的方形试样，试样厚度为板材厚度。用电解抛光方法除去表面应力层。用记号笔标记好轧向。

四、实验方法及步骤

（1）测量条件：选用铜靶点焦斑光源，用镍片滤波；X 射线管电压为 40kV，管电流为 40mA；入射束采用垂直和水平两个光阑狭缝，接收狭缝水平发散度为 1°，垂直发散度为 0.6°；采用闪烁计数器。

（2）测量参数：选择测量（111）、（200）和（311）三个衍射峰，即测量（111）、（200）和（311）三张不完整极图。

（3）实验步骤为：

1）按照常规扫描方式分别快速扫描试样的（111）、（200）和（311）三个衍射峰。测量试样的峰位、低角背底和高角背底位置。

2）倾动角 χ 选用 5° 间隔，即试样每倾动 5°，试样绕其自身法线旋转一周（φ 转动）。

3）转动采用步进扫描方式，步宽 5°，计数时间 2s，即试样自转一周有 72（360°/5°）个测量点，每点测量时间为 2s。

4）最大倾动角 χ_{max} 定为 75°，即试样将逐步倾动 16（75°/5°）次，在极式网上对应 $\alpha = 90°$，85，80°，…，20°，15° 等 16 个纬线圆。

5）数据测量：按以上参数设置好控制文件，并按控制文件测量试样的 3 个衍射峰数据。

6）绘制极图：打开 Bruker Texture Evaluation Program，读入测量数据，绘制出 3 张不完整极图。

7）ODF 分析：按下 ODF analysis，计算得到三张完整极图和 ODF 函数截面图，如图 12-1 和图 12-2 所示。

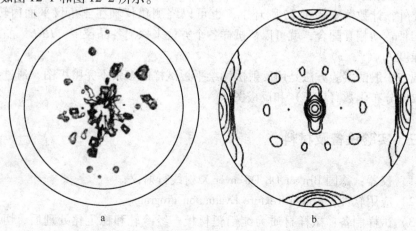

a　　　　　　　　　　　　　　b

图 12-1　不完整（111）极图和反算出来的完整（111）极图

a—测量极图 200；b—计算极图 200

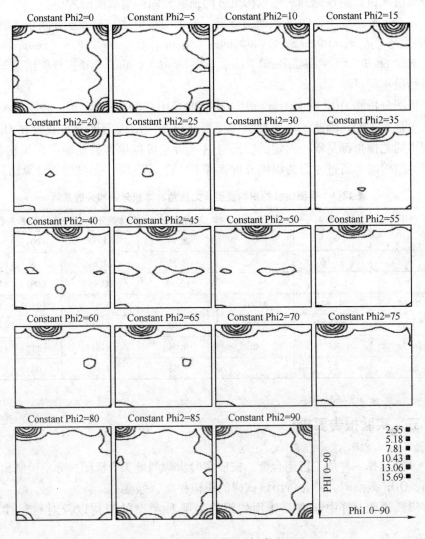

图 12-2　ODF 截面图（恒定 Phi2）

8）数据分析：极图分析就是要从所测绘的 {HKL} 极图判定被测试样的织构组分、织构离散度以及各织构组分之间的关系等。织构组分的判定通常采用尝试法。将标准投影图逐一地与被测极图对心重叠，转动其中之一进行对比观察，一直到标准投影图中与所测极图指数相同的 {HKL} 极点全部落在极图中极密度分布区为止。这时，该标准投影图中与轧向投影点重合的极点指数即为轧向指数 [UVW]。这样，便确定了一种理想织构组分 {HKL} [UVW]。有几张标准投影图能满足上述要求，就有几种相应织构组分。从极图可以分析出试样同时存在（001）[100]、（001）[110] 以及（111）[112] 三种织构组分。极密度等值线的分布情况可以定性地判别各织构组分的强弱和织构离散度的大小。

在 Bunge 系统中，ODF 截面图分析一般采用解析法。对于立方晶系，解析式为 $H : K : L = \sin\Phi\cos\varphi_2 : \sin\Phi\sin\varphi_2 : \cos\Phi$；$U : V : W = (\cos\varphi_1\cos\varphi_2 - \sin\varphi_1\sin\varphi_2\cos\Phi) : (-\cos\varphi_1\sin\varphi_2 - \sin\varphi_1\cos\varphi_2\cos\Phi) : \sin\varphi_1\sin\Phi$。分析结果与极图分析结果相同。

极图分析和 ODF 截面图分析时，更多的是用"经验法"。每一种织构类型的尤拉角是固定的，因此，每一种织构类型在极图中的极密度分布或者在 ODF 截面图中的尤拉角都是唯一固定的。通过这些特点可以很容易地确定出织构类型。复杂的织构需要通过专门的织构分析软件来计算。表 12-1 是试样的计算结果。

表 12-1　实测试样的织构类型、尤拉角、体积分数和分散系数

Phi1	Phi	Phi2	尤拉角	体积分数/%	分散系数
0	0	0	8.74	31.55	(001) [100]
0	53.66	45	9.51	21.81	(111) [$\bar{1}\bar{1}2$]
0	0	29.37	12.56	20.93	(001) [110]
10.01	30.61	44.04	5	6.88	(110) [11$\bar{2}$]
70.89	38.73	61.2	6.69	5.22	(213) [$\bar{3}$64]
76.38	45	0	9.04	4.81	(112) [11$\bar{1}$]
12.5	45	90	7.68	4.23	(001) [111]

五、实验报告要求

（1）选择一种加工态铝合金，按照实验步骤测量 3 个极图，分别绘制出完整极图、ODF 截面图，并分析出该试样的织构种类、强度；

（2）说明试样中起主要作用的织构是哪种类型的织构以及对材料性能的影响。

实验 13　扫描电子显微镜结构及样品分析

一、实验目的

（1）了解扫描电子显微镜的基本结构和工作原理；

（2）学习样品的制备方法、实验参量的选用和样品测试等实验技术；

（3）熟悉扫描电镜形貌的观察与分析。

二、实验原理

扫描电子显微镜利用细聚电子束在样品表面逐点扫描，与样品相互作用产生各种物理信号，这些信号经检测器接收、放大并转换成调制信号，最后在荧光屏上显示反映样品表面各种特征的图像。扫描电镜具有景深大、图像立体感强、放大倍数范围大且连续可调、分辨率高、样品室空间大、样品制备简单等特点，是进行样品表面研究的有效工具。

扫描电子显微镜所需的电压一般为 1~30kV，实验时可根据被分析样品的性质适当地选择，最常用的加速电压约为 20kV。扫描电镜的图像放大倍数在一定范围内（几十倍到几十万倍）可实现连续可调。放大倍数等于荧光屏上显示的图像横向长度与电子束在样品上横向扫描的实际长度之比。扫描电子显微镜的电子光学系统其作用仅仅是为了提供扫描电子束，作为使样品产生各种物理信号的激发源。扫描电子显微镜最常用的是二次电子信号和背散射电子信号，前者用于显示表面形貌衬度，后者用于显示原子序数衬度。

扫描电子显微镜的基本结构可分为六大部分：电子光学系统、扫描系统、信号检测放大系统、图像显示和记录系统、真空系统和电源及控制系统。图 13-1 为扫描电子显微镜主机构造示意图，实验室可根据实际设备做具体介绍。

二次电子信号来自样品表面层 5~10nm，信号的强度对样品微区表面相对于入射束的取向非常敏感。随着样品表面相对于入射束的倾角增大，二次电子的反射增多。因此，二次电子像适合于显示表面形貌衬度。

二次电子像的分辨率较高，一般在 3~6nm。其分辨率的高低主要取决于束斑直径，而实际上真正达到的分辨率与样品本身的性质、制备方法以及电镜的操作条件，如电压、扫描速度、光强度、工作距离、样品的倾斜角等因素有关。在

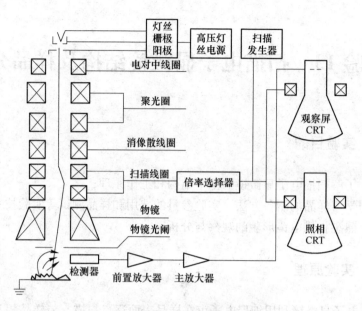

图 13-1   扫描电镜主机构造示意图

最理想的状态下，目前可达到的最佳分辨率为 1nm。

扫描电子显微镜表面形貌衬度几乎可以用于显示任何样品表面的超微信息，其应用已渗透到许多科学研究领域，在失效分析、刑事案件侦破、病理诊断等技术部门也得到广泛应用。

原子序数衬度是利用样品表层微区原子序数或化学成分变化敏感的物理信号，如背散射电子、吸收电子等作为调制信号而形成的一种能反映微区化学成分差别的像衬度。实验证明，在实验条件相同的情况下，背散射电子信号的强度随原子序数增大而增大。在样品表层平均原子序数较大的区域，产生的背散射信号强度较高，背散射电子像中相应的区域显示较亮的衬度；而样品表层平均原子序数较小的区域则显示较暗的衬度。由此可见，背散射电子像中不同区域衬度的差别，实际上反映了样品相应不同区域平均原子序数的差异，据此可定性分析样品微区的化学成分分布。吸收电子像显示的原子序数衬度与背散射电子像相反，平均原子序数较大的区域像衬度较暗，平均原子序数较小的区域显示较亮的图像衬度。原子序数衬度适合于研究钢与合金的共晶组织以及各种界面附近的元素扩散。

由于背散射电子是被样品原子反射回来的入射电子，其能量较高，离开样品表面后沿直线轨迹运动，因此，信号探测器只能检测到直接射向探头的背散射电子，有效收集立体角小，信号强度较低。尤其是样品中背向探测器的那些区域产生的背散射电子，因无法到达探测器而不能被接收。所以利用闪烁体计数器接收背散射电子信号时，只适用表面平整的样品，实验前样品表面必须抛光而不需腐蚀。

三、实验设备及材料

（1）扫描电子显微镜；
（2）实验样品。

四、实验方法及步骤

（1）听取教师介绍扫描电子显微镜的结构及工作原理；
（2）以 6 人为一组制备一个样品，并对其进行扫描电镜形貌的观察与分析。

实验注意事项：

（1）制样时应注意的问题：扫描电镜的优点之一是样品制备简单，对于新鲜的金属断口样品不需要做任何处理，可直接进行观察。但在有些情况下，需要对样品进行必要的处理。

1）样品表面附着有灰尘和油污，可用有机溶剂（乙醇或丙酮）在超声波清洗器中清洗。

2）样品表面锈蚀或严重氧化，采用化学清洗或电解的方法处理。清洗时可能会失去一些表面形貌特征的细节，操作过程中应该注意。

3）对于不导电的样品，观察前需在表面喷涂一层导电金属或碳，镀膜厚度控制在 5~10nm 为宜。

（2）实验参数的选择。根据研究工作的需要选用不同的电子信号成像，在扫描电镜实验结果上必须标明主要的实验条件。

五、实验报告要求

（1）根据老师的讲解，简述扫描电镜的结构与工作原理；
（2）说明二次电子像、背散射电子像和吸收电子像的特点及用途。

实验 14　扫描电子显微镜 EBSD 分析

一、实验目的

（1）了解电子背散射衍射的原理及仪器操作过程；

（2）通过对实际样品组织分析，掌握电子背散射衍射的应用。

二、实验原理

在扫描电子显微镜（SEM）中，入射于样品上的电子束与样品作用产生几种不同效应，其中之一就是在每一个晶体或晶粒内规则排列的晶格面上产生衍射。从所有原子面上产生的衍射组成"衍射花样"，这可被看成是一张晶体中原子面间的角度关系图。

衍射花样包含晶系（立方、六方等）对称性的信息，而且，晶面和晶带轴间的夹角与晶系种类和晶体的晶格参数相对应，这些数据可用于 EBSD 相鉴定。对于已知相，则花样的取向与晶体的取向直接对应。

三、实验设备及材料

（1）日本岛津公司生产的配备有电子背散射衍射仪的 SUPERSCAN SSX – 550 型扫描电子显微镜，设备主要参数如下所示：

分辨率：3.5nm；

放大倍数：7 ~ 300000 倍；

加速电压：30kV；

样品尺寸：≤125mm；

附件：X 射线能谱仪 EDS；

电子背散射衍射仪 EBSD。

（2）实验材料：冷轧硅钢板。

四、实验方法及步骤

(一) 实验样品的制备

EBSD 分析, 要求试样表面高度光洁, 在测试前必须对试样进行表面研磨抛光处理。在研磨抛光中形成的加工形变层会导致图像灰暗不清晰, 应完全去除。EBSD 通常的制样方法为常规金相样品制备结合电解抛光/腐蚀。

不同的材料可以灵活采用不同的表面加工方法。金属材料可采用化学或电解抛光去除形变层, 离子溅射减薄可去除金属或非金属材料研磨抛光中形成的加工形变层, 某些结晶形状规则的粉末材料可直接对其平整的晶面进行分析。

机械抛光: 方便, 快捷, 但试样表面破坏, 存在残余应力。该方法对变形金属不适用, 主要对退火后粗大晶粒材料使用。

电解抛光: 方便, 最常用, 但抛光工艺 (抛光液, 参数) 摸索需要一定的时间, 该方法影响抛光效果的因素有电解液成分、溶液温度、搅拌条件、电解面积 (影响电流密度) 和电压, 通过调整这些参数可以得到较好的抛光效果。

电解抛光并不适用于所有金属, 在抛光过程中容易出现抛光不均匀或者形成凹坑, 边缘被腐蚀, 抛光区范围有限, 抛光能力有限, 电解液有毒, 比较难找到合适的抛光液等不利因素, 因此需要较长时间的摸索过程。

离子轰击: 适用于难抛光的软材料, 如 Cu、Al、Au、焊料及聚合物; 也用于难加工的硬材料, 如陶瓷和玻璃等。该方法具有无表面污染、无划痕、试样损伤小、机械变形较小等优点。

(二) 电子背散射衍射的分析过程

(1) 用标准样品校正显微镜、样品和衍射仪的位置, 并检查电子显微镜工作状态是否正常。

(2) 安装样品 (使用 EBSD 专用样品台)。

(3) 用 SEM 获取一幅图像, 并确定分析区域, 使样品待分析区域位置与标样上校正点处于同一聚焦位置。

(4) 条件设定, 收集电子背散射衍射图像, 计算机标定图谱。

(5) 数据存储, 方便进一步处理和输出。

EBSD 的数据分为两大类, 一类是从传统的宏观织构测量中衍生出来的方法: 理想取向、极图、反极图、欧拉空间; 另一类是由显微织构得出的晶体取向及相互之间关系的测量方法：快速晶体取向分布图、特殊晶界类（MAP）、重位点阵晶界（CSL）、RF 空间图（Rodrigeuz Frank）、晶界取向错配度图、重构晶粒尺寸。

五、实验报告要求

（1）简述电子背散射衍射仪的工作原理及性能特点；

（2）说明电子背散射衍射用来分析试样晶体取向的原理。

实验 15　能谱仪的结构、原理及使用

一、实验目的

（1）了解能谱仪的结构及工作原理；

（2）结合实例，熟悉能谱分析方法及应用；

（3）掌握正确选用微区成分分析方法及其分析参数的选择。

二、实验原理

能谱仪全称为 X 射线能量色散谱仪，是分析电子显微学中广泛使用的最基本、可靠且重要的成分分析仪器，通常称为 X 射线能谱分析法，简称 EDS 或 EDX 方法。

（一）特征射线的产生

特征 X 射线的产生是入射电子使内层电子激发而发生的现象。即内壳层电子被轰击后跳到其费米能高的能级上，电子轨道内出现的空位被外壳层轨道的电子填入时，作为多余的能量放出的就是特征 X 射线。特征 X 射线是元素固有的能量，所以，将它们展开成能谱后，根据它的能量值就可以确定元素的种类，而且根据能谱的强度分析就可以确定其含量。

从空位在内壳层形成的激发状态变到基态的过程中，除产生 X 射线外，还放出二次电子。一般来说，随着原子序数增加，X 射线产生的概率（荧光产额）增大，而与它相伴的二次电子的产生概率却减小。因此，在分析试样中的微量杂质元素时，EDS 对重元素的分析特别有效。

（二）X 射线探测器的种类和原理

对于试样产生的特征 X 射线，有两种展成谱的方法：X 射线能量色散谱方法（energy dispersive X-ray spectroscopy，EDS）和 X 射线波长色散谱方法（wavelength dispersive X-ray spectroscopy，WDS）。在分析电子显微镜中均采用探测率高的 EDS。

图 15-1 为 EDS 探测器系统的框图。从试样产生的 X 射线通过测角台进入到探测器中。EDS 中使用的 X 射线探测器，一般都是用高纯单晶硅中掺杂有微量锂的半导体固体探测器（solid state detector，SSD）。SSD 是一种固体电离室，当射

线入射时，室中就产生与这个 X 射线能量成比例的电荷。这个电荷在场效应管（field effect transistor，FET）中聚集，产生一个波峰值的脉冲电压。用多道脉冲高度分析器（multichannel pulse height analyzer）来测量它的波峰值和脉冲数，就可以得到横轴为 X 射线能量、纵轴为 X 射线光子数的谱图。为了使硅中的锂稳定和降低 FET 的热噪声，平时和测量时都必须用液氮冷却 EDS 探测器。保护探测器的探测窗口有两类，其特性和使用方法各不相同，具体介绍如下。

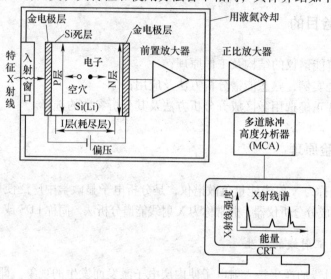

图 15-1　EDS 探测器系统框图

（1）铍窗口型（beryllium window type）。用厚度为 8～10m 的铍薄膜制作窗口来保持探测器的真空，这种探测器使用起来比较容易，但是，由于铍薄膜对低能 X 射线的吸收，因此，不能分析比 Na（$Z=11$）轻的元素。

（2）超薄窗口型（ultra thin window type，UTW type）该窗口是沉积了铝，厚度为 0.3～0.5μm 的有机膜，它吸收 X 射线少，可以测量 C（$Z=6$）以上的比较轻的元素。但是，采用这种窗口时，探测器的真空保持不太好，所以，使用时要多加小心。目前，对轻元素探测灵敏度很高的这种类型的探测器已被广泛使用。

此外，还有去掉探测器窗口的无窗口型（windowless type）探测器，它可以探测 B（$Z=5$）以上的元素。但是，为了避免背散射电子对探测器的损伤，通常将这种无窗口型的探测器用于扫描电子显微镜等采用低速电压的情况。

（三）EDS 的分析技术

1. X 射线的测量

连续 X 射线和从试样架产生的散射 X 射线都进入 X 射线探测器，形成谱的背底。为了减少从试样架散射的 X 射线，可以采用铍制的试样架。对于支持试样的栅网，采用与分析对象的元素不同的材料制作。当用强电子束照射试样产生大量的 X 射线时，系统的漏计数的百分比就称为死时间 T_{dead}，它可以用输入侧的计数率 R_{IN} 和输出侧的计数率 R_{OUT} 来表示：

$$T_{dead} = \left(1 - \frac{R_{OUT}}{R_{IN}} \right) \times 100\% \tag{15-1}$$

2. 空间分辨率

图 15-2 为入射电子束在不同试样内的扩展情况示意图。对于分析电子显微镜使用的薄膜试样，入射电子几乎都会透过。因此，入射电子在试样内的扩展不像图 15-2a 中的大块试样（通常为扫描电镜样品）中扩展得那样大，分析的空间分辨率比较高。入射电子束在试样中的扩展对空间分辨率是有影响的，加速电压、入射电子束直径、试样厚度、试样的密度等都是决定空间分辨率的因素。

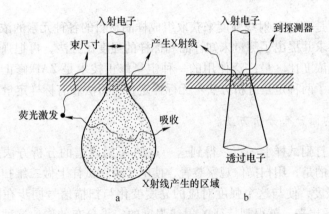

图 15-2　入射电子束在不同试样内的扩散
a—块状试样；b—薄膜试样

3. 峰/背比（P/B）

特征 X 射线的强度与背底强度之比称为峰背比（P/B），在进行高精度分析时，希望峰背比高。如果加速电压降低，尽管产生的特征 X 射线强度稍有下降，但是，来自试样的背底 X 射线却大大减小，结果峰背比提高了。

4. 定性分析

谱图中峰的位置是由样品中存在的元素决定的。定性分析是分析未知样品的第一步，即鉴别所含的元素。如果不能正确地鉴别样品的元素组成，最后定量分析的精度就毫无意义。EDS 通常能够可靠地鉴别出一个样品的主要成分，但对于确定次要或微量元素，只有认真地处理谱线干扰、失真和每个元素的谱线系等问题才能做到准确无误。为保证定性分析的可靠性，采谱时必须注意两条：

（1）采谱前要对能谱仪的能量刻度进行校正，使仪器的零点和增益值落在正确值范围内。

（2）选择合适的工作条件，以获得一个能量分辨率好、谱峰足够、无杂峰和杂散辐射干扰最小的 EDS 谱。

通常能谱仪使用的操作软件都有自动定性分析的功能，直接单击"操作/定性分析"按钮就可以根据能量位置来确定峰位，在谱的每个峰的位置显示出相应的元素符号。它分析优点是识别速度快，但由于能谱谱峰重叠干扰严重，自动识别极易出错，比如把元素的 L 系误识别为另一元素的 K 系。为此分析者在仪器自动定性分析过程结束后，还对识别错了的元素用手动定性分析进行修正。所以虽然有自动定性分析程序，但对分析者来说，具有一定的定性分析技术是必不可少的。

5. 定量分析

定量分析是通过 X 射线强度来获取组成样品材料的各种元素的浓度。根据实际情况人们寻求并提出了测量未知样品和标样的强度比方法，再把强度比经过定量修正换算成浓度比。最广泛使用的一种定量修正技术是 ZAF 修正。实验所用的软件中提供了两种定量分析方法：无标样定量分析法和有标样定量分析法。

6. 元素的面分布分析方法

电子束只打到试样上一点，得到这一点的 X 射线谱的分析方法是点分析方法。与此不同的是，用扫描像观察装置，使电子束在试样上做二维扫描，测量特征 X 射线的强度，使与这个强度对应的亮度变化与扫描信号同步在阴极射线管（CRT）上显示出来，就得到特征 X 射线强度的二维分布的像。这种观察方法称为元素的面分布分析方法，它是一种测量元素二维分布非常方便的方法。

三、实验设备及材料

（1）扫描电子显微镜；
（2）实验样品。

四、实验方法及步骤

（一）样品的前期处理和扫描电子显微镜调整

（1）为了得到较精确的定性、定量分析结果，应该对样品进行适当的处理，尽量使样品表面平整、光洁和导电。样品表面不要有油污或其他腐蚀性物质，以免真空下这些物质挥发到电镜和探头上，损坏仪器。

（2）调整扫描电子显微镜的状态，使 X 射线 EDS 探测器以最佳的立体角接收样品表面激发出的特征 X 射线。

1）调整电镜加速电压，一般选择最高谱峰能量的 1.5 倍。例如：不锈钢样品最高峰为 9keV 左右，因此选用 15keV 较为合适。

2）调整工作距离、样品台倾斜角度以及探测器臂长，一般情况出射角为30°左右。

3）调整电子束的束斑尺寸，使输入计数率达到最佳。例如：金属样品一般应在 1000 ~ 3000。

（3）定性、定量分析结果是扫描电镜样品室里样品表面区域元素的摩尔分数和质量分数。放大倍数越大，作用样品区域越小。要正确选择作用区域，才可能得到正确的结果。

（二）快捷启动 GENESIS60S

快捷启动 GENESIS60S 操作界面见图 15-3，方法如下：

（1）根据计数率选择时间常数（Amp time），使死时间（OT）在 20% ~ 40% 之间。

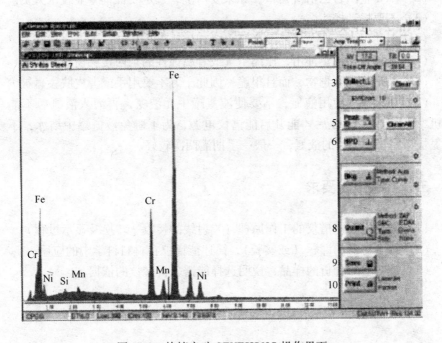

图 15-3　快捷启动 GENESIS60S 操作界面

（2）根据需要可以预置收集时间。

（3）使用收集键（Collect）开始和停止谱线收集。如果预置了收集时间，用收集键开始后，谱收集将在预定时间到达时自动停止。

（4）调节对谱线的观察，可以通过点击鼠标将黑色光标置于感兴趣区，然后使用膨胀和收缩键；也可以直接用点击和拖动鼠标来调整谱线的显示。

（5）点击峰识别（Peak Id）键，进行自动峰识别。

（6）"HPD"键用于峰的识别和确定。点击 HPD 键后依据识别峰和收集参数将产生一条理论上的谱线，该谱线将在所收集的谱线上绘出。

（7）送入谱线标识，最多 216 个字母。该标识将随着谱线存储和打印。

（8）点击定量分析"Quantify"键，得到无标样定量分析结果。该结果使用了自动背底扣除，并且归一化为百分之百。

（9）在结果对话框中选择打印键，可以将谱线和定量分析结果打印在一页纸上。

（10）点击存储键并选择文件名（后缀为 . spc）和路径。

（三）仪器的安全注意事项

（1）不要用手或用其他东西去触碰窗口，不论是铍窗还是 Norvar 超薄窗口，都是很易破碎的。

（2）不要企图自己清洗窗口，如果要清洗，一定要征询专业技术人员。

（3）不要摇动探头。

（4）在使用中要避免样品或样品台碰到探头上。

（5）不要用任何热冲击、压缩空气或者腐蚀性的东西接触窗口。

（6）铍是一种剧毒物，而且很脆，因此千万不要用手或者皮肤去碰铍窗。

（7）如果探头使用液氮，不要使液氮罐中无液氮，再灌入液氮后不能马上开机，一定要等 4h 以后才能开启能谱仪电源，为了避免液氮罐中结冰，不要等液氮快用完了才灌新的液氮，一般一星期灌两次较好。

五、实验报告要求

（1）简要说明能谱仪的工作原理（X 射线的接收、转换及显示过程）；

（2）结合自己的课题（或实验），简述能谱仪在材料科学中的应用；

（3）针对实际分析的样品，说明选择能谱分析参数的依据。

实验 16　透射电镜的结构、成像原理及使用

一、实验目的

（1）了解透射电子显微镜的基本构造；
（2）理解透射电子显微镜的成像原理；
（3）掌握透射电子显微镜的操作过程。

二、实验原理

（一）透射电子显微镜的构成

透射电子显微镜是以波长极短的电子束作为照明源，用电磁透镜聚焦成像的一种具有高分辨本领和高放大倍数的电子光学仪器。它由电子光学系统、电源和控制系统、真空系统三部分组成。

1. 电子光学系统

电子光学系统是透射电子显微镜的最基本组成部分，是用于提供照明、成像、显像和记录的装置。整个镜筒自上而下顺序排列着电子枪、双聚光镜、样品室、物镜、中间镜、投影镜、观察室、荧光屏及照相室等。通常又把电子光学系统分为照明部分、成像部分和观察记录部分。图 16-1 为 JEM – 2010 型透射电子显微镜外观照片，图 16-2 为透射电子显微镜的镜筒剖面示意图。

（1）照明部分：由电子枪、聚光镜和电子束的平移对中及倾斜调节装置组成。它的作用是为成像系统提供一束亮度高、相干性好的照明光源。为满足暗场成像的需要，照明电子束

图 16-1　JEM – 2010 型透射电子显微镜

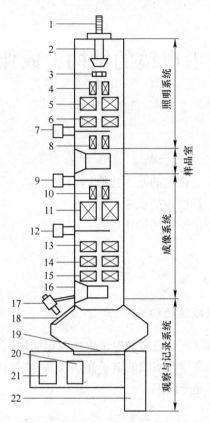

图16-2　透射电子显微镜的镜筒剖面示意图

1—高压电缆；2—电子枪；3—阳极；4—束流偏转线圈；5—第一聚光镜；6—第二聚
光镜；7—聚光镜光阑；8—电磁偏转线圈；9—物镜光阑；10—物镜消像散线圈；
11—物镜；12—选区光阑；13—第一中间镜；14—第二中间镜；15—第三
中间镜；16—高分辨衍射室；17—光学显微镜；18—观察窗；19—荧
光屏；20—发片盒；21—收片盒；22—照相室

可在2°~3°范围内倾斜。

电子枪由阴极、栅极和阳极构成。在真空中通电加热后使从阴极发射的电子被阳极加速，获得较高的动能形成定向高速电子流。

聚光镜的作用是会聚从电子枪发射出来的电子束控制照明孔径角、电流密度和光斑尺寸。

（2）成像放大部分：一般由样品室、物镜、中间镜和投影镜组成。物镜的分辨本领决定了电镜的分辨本领，中间镜和投影镜的作用是将来自物镜的图像进一步放大。

（3）图像观察与记录部分由观察室和照相室以及CCD（charge-coupled device）相机组成。现在多数透射电子显微镜都在照相室下方安装了慢扫描 CCD 相机，提高拍摄效率和照片质量。目前一般使用 CCD 采集图像的方法来代替拍摄底片的方法。

2. 真空系统

（1）防止成像电子在镜筒内受气体分子碰撞而改变运动轨迹，影响成像质量。

（2）减缓阴极（俗称灯丝，由钨丝或六硼化镧制作，直径为 0.1 ~ 0.15mm）的氧化，提高其使用寿命。

（3）减少样品污染，产生假象。镜筒内凡是接触电子束的部分（包括照相室）均需保持高真空，一般用机械泵和油扩散泵两级串联才能得到保证。高性能的透射电镜增加一个离子泵以提高真空度，真空度一般处于 1.3×10^{-2} ~ 1.33×10^{-5}Pa。

3. 供电系统

供电系统主要提供两部分电源，一是用于电子枪加速电子的小电流高压电源；二是用于各透镜激磁的大电流低压电源。目前先进的透射电镜多已采用自动控制系统，其中包括真空系统操作的自动控制，从低真空到高真空的自动转换、真空与高压启闭的连锁控制以及用微机控制参数选择和镜筒合轴对中等。

（二）成像原理

电子枪发射的电子在阳极加速电压的作用下高速地穿过阳极孔，被聚光镜会聚成很细的电子束照明样品。因为电子束穿透能力有限，所以要求样品做得很薄，观察区域的厚度在 200nm 左右。由于样品微区的厚度、平均原子序数、晶体结构或位向有差别，使电子束透过样品时发生部分散射，其散射结果使通过物镜光阑孔的电子束强度产生差别，经过物镜聚焦放大在其像平面上，形成第一幅反映样品微观特征的电子像。然后再经中间镜和投影镜两级放大，投射到荧光屏上对荧光屏感光即把透射电子的强度转换为人眼直接可见的光强度分布，或由照相底片感光记录，或用 CCD 相机拍照，从而得到一幅具有一定衬度的高放大倍数的图像。

图 16-3 为透射电子显微镜成像时四种典型工作模式光路图。中间镜像平面和投影镜的物平面之间的距离可近似认为固定不变（即中间镜的像距 L_2 固定不变），若要荧光屏上得到一张清晰的放大像，必须中间镜的物平面正好和物镜的像平面重合，即通过改变中间镜的激磁电流使其焦距变化，与此同时，中间镜的物距 L_1 也随之改变，这种操作称作图像聚焦。如果把中间镜的物平面和物镜的

后焦面位置重合时，在荧光屏上得到的是一幅电子衍射花样，这就是所谓的电镜中电子衍射操作。

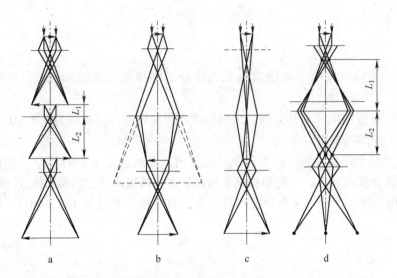

图 16-3   透射电子显微镜成像时四种典型工作模式光路图
a—高倍放大；b—低倍放大；c—极低倍放大；d—电子衍射

（三）JEM – 2010TEM 操作步骤

（1）加高压：lens 钮（左控 2）扳上（注：向外轻拉再向上提）→HT 键（左控 1）按亮→加高压，从 120kV 至 160kV 用 10min→等待 5min→160kV 至 200kV 用 20min→再等待 5min。

（2）装样品：样品杆插入样品台→真空钮扳上（注：向外轻拉再向上提）→绿灯亮等待 5min 后顺时针送入镜筒→再等待 5min→真空为 4×10^{-5}Pa 即可工作。样品杆示意图如图 16-4 所示。

（3）加电流：ON 键（左控 1）按亮。

（4）明场观察：5 万倍下找合适视场→旋转聚焦钮，使显示屏上的 DV 值为零→调节 z 轴（右控 1），使图像衬度最低，即正焦状态→按 Mag1 键，使显示屏上的 Focus 值为零→加物镜光阑→根据需要改变放大倍数。

（5）衍射操作：把感兴趣区移到屏中心→用选区光阑套住感兴趣区→按 Diff 键（右控 1）→抽出物镜光阑。

（6）拍照：感兴趣区移到取景框中→盖上观察窗→按 long 或 short 键（右控 1）调整曝光时间→按亮 photo 键→再按亮 photo 键，左侧绿灯亮表明曝光开始→绿灯灭表明曝光结束。

（7）CCD 相机使用：把感兴趣区域移到采集区→放大倍数根据视场选择，

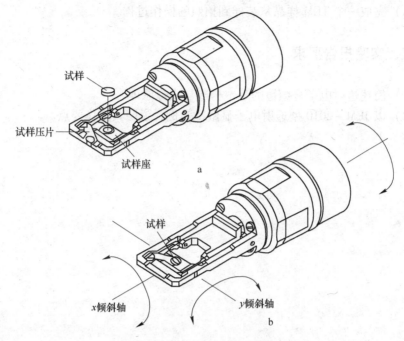

试样

试样压片

试样座

a

试样

x倾斜轴

y倾斜轴

b

图 16-4　JEM – 2010 双倾样品杆倾斜部分结构和动作示意图

a—JEM – 2010 双倾样品杆倾斜部分结构；b—动作示意图

或根据需要选择→按亮 SCREEN 键（右控 1），荧光屏掀起→点击软件界面的"兔子"图标→在弹出的对话框中输入电镜此时的放大倍数→聚焦→按空格键停止采集→保存文件。

（8）结束工作顺序：放大倍数调至 5 万倍→抽出物镜光阑和选区光阑→确认电子束在屏中心→样品回零→关闭电流→降电压至 120kV→H 键（左控 1）按灭 lens 钮（左控 2）扳下（注：向外轻拉再向下扳）→关闭显示器→填写设备运行记录。

三、实验设备及材料

（1）JEM – 2010 型透射电子显微镜。

（2）透射电子显微镜样品（金属薄膜样品、粉末样品等）。

四、实验方法及步骤

（1）熟悉透射电子显微镜的结构与成像原理。

（2）了解各个按钮的作用。

（3）完成一个 TEM 样品从装样到拍照的操作过程。

五、实验报告要求

（1）简述透射电子显微镜的基本构造与成像原理。

（2）以 JEM－2010 型透射电子显微镜为例，说明其操作要点。

实验17　透射电镜样品的制备

一、实验目的

（1）理解双喷电解减薄仪和离子减薄仪的工作原理；
（2）掌握薄膜样品、粉末样品的制备方法。

二、实验原理

在透射电镜（TEM）中，电子束要穿透样品成像。由于电子束的穿透能力比较低（散射能力强），因此用于 TEM 分析的样品厚度要非常薄，电子束穿透固体样品的厚度主要取决于电子枪的加速电压和样品原子序数。一般来说，加速电压越高，样品原子序数越低，电子束可穿透的样品厚度就越大。对于加速电压为 $100 \sim 200kV$ 的透射电镜，可穿透样品的厚度为 $100 \sim 200nm$。如果要观察高分辨晶格像，样品还要更薄，一般应低于 10nm。

TEM 样品可分为薄膜样品、粉末样品、复型样品。TEM 样品制备在电子显微学研究工作中起着至关重要的作用，是非常精细的技术工作。下面分别介绍各种样品的制备方法。

（一）薄膜样品制备方法

制备薄膜样品的流程是：切片→机械研磨→冲样→预减薄→最终减薄。

1. 切片

将样品切成薄片，厚度一般应为 0.5mm，磨去氧化层和加工层。对于导电材料，用线切割方法。线切割又称电火花切割，被切割样品作阳极，金属丝作阴极，两极间保持一个微小距离，利用其间的火花放电，引起样品局部熔化进行切割。对于陶瓷、半导体、玻璃等材料，用线锯或金刚石慢速锯切割。美国 South Bay Technology 公司 850 型线锯如图 17-1 所示，金刚石慢速锯如图 17-2 所示。

2. 机械研磨

机械研磨可以将上述线切割下来的薄块用 502 胶粘在一块平行度较好的金属

块上，用手把平，在抛光机的水磨砂纸上注水研磨，砂纸粒度要细，用力要轻而均匀。在金相砂纸上来回研磨。如果研磨之后不凹坑处理，厚度要小于 $30\mu m$；如果要凹坑处理，厚度为 $60 \sim 80\mu m$。

图 17-1　850 型线锯

图 17-2　金刚石慢速锯

3. 冲样

样品研磨后，用专用工具冲成 3mm 的圆片。圆片打孔机用于快速切割金属、合金及所有延展性好的材料。659 型圆片打孔机如图 17-3 所示。超声波切割机（超声钻）用于切割半导体、陶瓷等脆性样品。601 型超声波切割机如图 17-4 所示，切割厚度为 $40\mu m \sim 5mm$。

图 17-3　659 型圆片打孔机

图 17-4　601 型超声波切割机

4. 凹坑

凹坑过程是最终减薄前的预减薄。用凹坑仪在研磨后的试样中央部位磨出一个凹坑，凹坑深度为 50～70μm，适用于陶瓷、半导体、金属及复合材料样品。凹坑目的是缩短离子减薄的时间，以提高最终减薄效率。凹坑仪配以厚度精确测量显示装置，磨轮有不锈钢轮、铜轮、毛毡轮等，根据样品材料来选择，毛毡轮用于抛光。磨料有金刚石膏、立方氮化硼（CBN）以及两者混合使用。磨轮载荷一般为 20～40g。凹坑前样品的厚度为 60～80μm。凹坑过程试样需要精确地对中，先粗磨后细磨抛光，磨轮载荷要适中，否则试样易破碎。656 型凹坑仪如图17-5 所示。

图 17-5　656 型凹坑仪

5. 电解双喷减薄

电解双喷减薄是最终减薄，减薄后可直接上电镜观察。只适用于导电的材料，如金属材料，使用仪器前应确定需减薄的样品已经过机械研磨或凹坑厚度要小于 30μm，此方法速度快，没有机械损伤。Tenupol－5 型电解双喷减薄仪如图17-6 所示。

电解双喷减薄仪被广泛应用于透射电镜的样品制备，可在较短时间内制备出高质量的透射电镜样品。工作原理是金属样品与阳极相连电解液与阴极相连，电解液通过耐酸泵加压循环。电解液喷管对准试样的中心，两个喷嘴同时减薄样品两面，在合适的电压、电流作用下，样品中心逐渐减薄，直至穿孔。在样品穿孔的瞬间，红外检测系统会迅速反应自动终止减薄，确保有较大的薄区，在几分钟时间内制备出高质量的透射电镜样品。抛光孔的边缘为透射电镜观察的区域。图17-7 为电解双喷减薄原理示意图，图 17-8 为减薄后的样品剖面示意图。

图 17-6　Tenupol－5 型电解双喷减薄仪

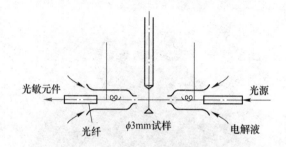

光敏元件　　　　　　　　　　　光源

光纤　　　φ3mm试样　　　电解液

图 17-7　电解双喷减薄原理示意图

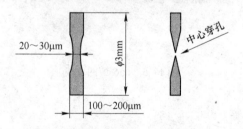

中心穿孔

20～30μm　　　φ3mm

100～200μm

图 17-8　减薄后的样品剖面示意图

Tenupol－5 型电解双喷减薄仪操作步骤为：

（1）根据样品材料配制电解液 1000mL 左右。

（2）打开仪器电源开关，进入工作界面，选择电压值、光值。

（3）样品放入样品夹中，样品夹插入双喷装置中，注意方向。

（4）按电源控制部分的 power 键，电解双喷开始，出孔后自动停止。

（5）样品穿孔后，取出夹具，在盛有无水乙醇的烧杯中摆动，再取出样品在盛有无水乙醇的培养皿中清洗两遍。放在滤纸上，干燥后包好待用。如果当天不能用电镜观察，要把样品置于干燥皿中保存。

试样电解双喷后表面应明亮，中心穿孔。如果试样灰暗，要增加电压；如果出现筛子孔，要降低电压；如果边缘变黑或边缘穿孔，要降低电压。

6. 离子减薄

离子减薄也是最终减薄，适用于陶瓷、半导体、多层膜截面材料以及金属材料离子减薄还可以用于去除试样表面的污染层。如电解双喷减薄以后的样品，或者是放置一段时间表面氧化的样品，再进行短时间（10～15min）、低角度（4°）的离子减薄，观察效果会更好。使用仪器前应确定需减薄的样品已经过机械研磨或凹坑，厚度要小于 30μm。Gatan691 型离子减薄仪如图 17-9 所示。

图 17-9 Gatan691 型离子减薄仪

离子减薄仪的工作原理：在高真空条件下，离子枪提供高能量的氩离子流，对样品表面以某一入射角连续轰击，当氩离子流的轰击能量大于样品表层原子结合能时，样品表面原子发生溅射。连续不断的溅射，样品中心逐渐减薄，直至穿孔，最后获得所需要的薄膜样品。减薄过程比较缓慢。离子减薄原理示意图如图 17-10 所示。

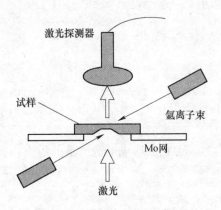

图 17-10 离子减薄原理示意图

离子减薄的优点是样品质量好，使用范围广；缺点是时间长。时间与样品材质、样品起始厚度、减薄工艺参数有关，需要几个小时、十几个小时甚至更长。如果长时间进行离子减薄，离子辐照损伤可能使试样表面非晶化，所以选择合适的减薄条件（电压和角度）和控制试样温度是比较重要的。

影响离子减薄样品制备的几个因素有离子束电压、离子束电流、离子束的入射角、真空度、样品的种类、样品的微结构特点、样品的初始表面条件、样品的初始厚度、样品的安装。

Gatan691 型离子减薄仪操作步骤：

（1）打开氩气瓶，并按下 Vent 按钮将气锁室放气。

（2）将装好样品的样品台放入基座中，盖上气锁室的盖子，按下 Vac 按钮抽气。

（3）按下气锁控制开关（AIRLOCK CONTROL），降下样品台。设定离子枪电压为 4~5kV。

（4）打开左右枪气阀开关，调整左右枪的角度，两支一正一负，双面减薄。在减薄过程中，先用大角度，逐渐改用小角度。

（5）设定 rotation speed Start 键即开始减薄工作，当样品完成减薄后，按下计时器开关按钮停止减薄。

（6）按下气锁控制开关的上部，使样品台基座升入气锁室。按下 Vent 钮放气。

（7）取出样品台。

（8）重新盖好气锁的盖子，并抽真空。

（9）关闭氩气瓶。

离子减薄后的样品，可以先放到光学显微镜下检查，一般减薄好的样品在穿孔附近会产生衍射环，如图 17-11a 所示；而减薄过度的样品，就观察不到这种衍射环，如图 17-11b 所示。

（二）粉末样品的制备方法

1. 粉末样品基本要求

（1）单颗粉末尺寸小于 200nm，大于 200nm 的颗粒需经研磨粉碎；

（2）无磁性；

（3）以无机成分为主，否则会造成电镜严重的污染，高压跳掉。

2. 粉末样品的制备

（1）取适量的粉末和乙醇放入小烧杯中，超声振荡 10min 左右，制成悬

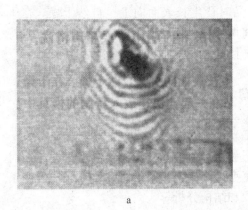 

图 17-11　离子减薄后的样品

a—减薄好的样品；b—过减薄的样品

浊液；

（2）把微栅网膜面朝上放在滤纸上；

（3）滴 2~3 滴悬浊液到微栅网上；

（4）干燥后即可观察。

微栅网如图 17-12 所示。

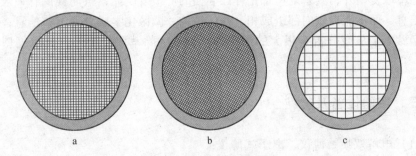

图 17-12　不同的微栅网

a—300 目方孔载网；b—300 目圆孔载网；c—150 目载网

（三）截面样品的制备方法

截面样品属于薄膜样品中的一种。制备方法如下：

（1）切割：用线锯或解理刀把样品切成 4mm×2mm、3mm×3mm 或 2mm×3mm 两小块。

（2）清洁处理：将选好的样品依次在无水乙醇和丙酮中两次超声清洗，每次清洗 2~3min。

（3）对粘和固化：从丙酮中捞出样品时让生长表面向上，自然干燥。在干燥后的样品上涂上少量的制样专用胶，将两块样品面对面粘在一起，快速放入特制的模具中加压，在130℃左右的加热炉上固化两小时以上，冷却后取下。

（4）切片：用线切割机切成薄片。

（5）先磨制，再凹坑，最后离子减薄。

（四）复型样品的制备方法

复型样品是把要观察的试样的表面形貌用适宜的非晶薄膜复制下来，然后对这个复制膜进行透射电镜观察与分析。复型适用于金相组织、断口形貌、形变条纹、磨损表面、第二相形态及分布、萃取和结构分析等。

制备复型的材料本身必须是"无结构"的，即要求复型材料在高倍成像时也不显示其本身的任何结构细节，这样就不致干扰被复制表面的形貌观察和分析。常用的复型材料有塑料和真空蒸发沉积炭膜，均为非晶态物质。常用的复型有：

（1）塑料一级复型，分辨率为 10～20nm。

（2）炭一级复型，分辨率为 2nm。

（3）塑料炭二级复型，分辨率为 10～20nm。

（4）萃取复型，可以把要分析的粒子从基体中提取出来，分析时不会受到基体的干扰。

除萃取复型外，其余复型都是样品表面的一个复制品，只能提供有关表面形貌的信息，而不能提供内部组成相、晶体结构、微区化学成分等本质信息，因而用复型做电子显微分析有很大的局限性。目前，除萃取复型外，其他复型用得很少。

三、实验设备及材料

（1）电解双喷减薄仪、离子减薄仪；

（2）线锯、金刚石慢速锯；

（3）圆片打孔机；

（4）超声波切割机；

（5）凹坑仪；

（6）超声波振荡器；

（7）镊子、烧杯、电解液、滤纸、无水乙醇、微栅等。

四、实验方法及步骤

每人制备一个透射电镜样品。

五、实验报告要求

（1）简述 TEM 样品的制备过程及注意事项；

（2）以自己所制备样品为例，总结制备 TEM 样品的操作技巧和存在的问题。

实验 18 选区电子衍射与衍射花样标定

一、实验目的

（1）加深对选区电子衍射原理的理解；

（2）学会简单电子衍射花样的标定。

二、实验原理

（一）选区电子衍射的原理

简单地说，选区电子衍射借助设置在物镜像平面的选区光阑，可以对产生衍射的样品区域进行选择，并对选区范围的大小加以限制，从而实现形貌观察和电子衍射的微观对应。选区电子衍射的基本原理如图 18-1 所示。选区光阑用于挡住光阑孔以外的电子束，只允许光阑孔以内视场所对应的样品微区的成像电子束通过，使得在荧光屏上观察到的电子衍射花样仅来自选区范围内晶体的贡献。实际上，选区形貌观察和电子衍射花样不能完全对应，也就是说选区衍射存在一定误差，选区以外样品晶体对衍射花样也有贡献。选区范围不宜太小，否则将带来太大的误差。对于 100kV 的透射电镜，最小的选区衍射范围约为 0.5μm；加速电压为 1000kV 时，最小的选区范围可达 0.1μm。

（二）选区电子衍射的操作

（1）插入选区光阑，调节中间镜电流使荧光屏上显示该光阑边缘的清晰像，此时意味着中间镜物平面和选区光阑重合。

（2）插入物镜光阑，精确调节物镜电流，使所观察的样品形貌在荧光屏上清晰显示，意味着物镜像平面与中间镜物平面重合，也就是与选区光阑重合。

（3）移去物镜光阑，降低中间镜电流，使中间镜的物平面上升到物镜的背焦面处，使荧光屏显示清晰的衍射花样（中心斑点最细小、最圆整）。此时获得的衍射花样仅仅是选区光阑内的晶体所产生的。

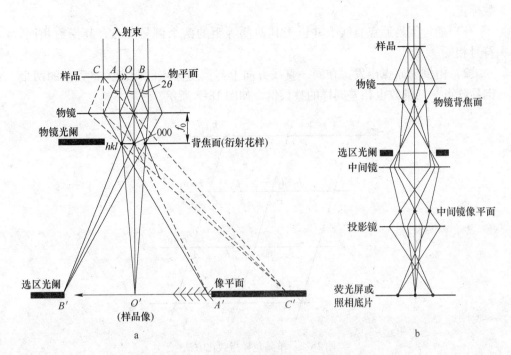

图 18-1　透射电子显微镜中衍射花样的形成方式

a—衍射花样的形成和选区电子衍射原理；b—三透镜衍射方式原理

三、实验设备及材料

(1) 透射电子显微镜；
(2) 低碳合金钢薄膜样品基体。

四、实验方法及步骤

对低碳合金钢薄膜样品基体选区电子衍射花样进行标定。具体步骤如下：

(1) 选择靠近中心斑点而且不在一条直线上的几个斑点 A（$h_1k_1l_1$）、B（$h_2k_2l_2$）、C（$h_3k_3l_3$）、D（$h_4k_4l_4$）的 R 值和夹角。

(2) 求 R_2 比值，找出最接近的整数比，由此确定各斑点所属的衍射晶面族。

(3) 尝试斑点 A（$h_1k_1l_1$）和 B（$h_2k_2l_2$）的指数。

(4) 按矢量运算求出 C（$h_3k_3l_3$）和 D（$h_4k_4l_4$）D 的指数。

(5) 对所求出指数的 N 值（$N=h_2+k_2+l_2$）和夹角 φ 进行校核。

(6) 根据矢量运算，求出其余倒易阵点指数。利用下面两个性质有助于指数标定。

1）通过倒易原点直线上并位于其两侧等距的两个倒易阵点，其指数相同，符号相反。

2）由倒易原点出发，在同一直线方向上与倒易原点的距离为整数倍的两个倒易阵点，其指数也相差同样的整数倍，如图18-2所示。

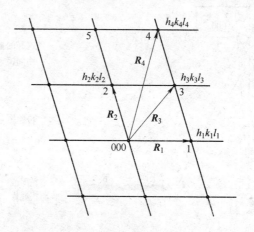

图18-2　单晶花样指数化方法

（7）依据晶带定律求晶带轴 [uvw]。

五、实验报告要求

（1）画图说明电子衍射花样的形成原理；

（2）对低碳合金钢薄膜样品基体选区电子衍射花样进行标定；

（3）比较电子衍射和 X 射线衍射的相似性和差异性。

第三部分

材料性能测试实验

实验 19　金属材料显微硬度实验

一、实验目的

（1）熟悉显微硬度计的基本原理和构造；

（2）掌握显微硬度计的使用方法和操作要领；

（3）初步掌握相鉴定方法。

二、实验原理

硬度是材料力学性能的重要指标之一，而硬度实验是判断材料或产品零件质量的一种手段。所谓硬度，就是材料在一定条件下抵抗另一本身不发生残余变形物体的压入能力。抵抗能力越大，硬度越高，反之硬度越低。在力学性能实验中，测量硬度是一种最容易、最经济、最迅速的方法，也是生产过程中检查产品质量的措施之一，由于金属材料硬度与其他力学性能存在相互对应关系，因此，大多数金属材料可通过测定硬度近似地推算出其他力学性能，如抗拉强度、疲劳、蠕变、磨损等，因此，硬度测试被广为应用。

常用的硬度测试方法有布氏硬度法、洛氏硬度法、维氏硬度法、显微硬度法等。但是，用布氏、洛氏及维氏硬度法测定金属材料硬度时，由于其载荷大，压痕面积大，只能得到金属材料组织的平均硬度值。也就是说，当材料是由几个相的机械混合物组成时，测得的硬度值只是混合物的平均硬度。但是，在金属材料的实验研究中，往往需要测定某一组织组成物的硬度，例如测定某个相、某个晶粒、夹杂物或其他组成体的硬度；或者对于研究扩散层组织、偏析相、硬化层深度以及极薄层试样等，这时应采用显微硬度实验法。显微硬度实验法其原理与维氏硬度实验法一样，是以载荷与压痕表面积之比来确定，不同的是，显微硬度实验法所采用的载荷很小，一般在 $1 \sim 120gf$ （$1gf = 0.0098N$）。

本实验将对显微硬度计的工作原理、使用方法和操作技巧进行操作与实践，熟悉和掌握利用显微硬度测试法进行相鉴定的方法。

三、实验设备及材料

（1）数显显微硬度计；
（2）硬度块。

四、实验方法及步骤

（一）显微硬度计工作原理和构造观察

显微硬度计通常由加载机构（实验力变换手轮）、调焦机构（调焦手轮、$X - Y$工作试台、升降轴）、显微测量机构（物镜、目镜）、压头和计算机等部分组成，如图 19-1 所示。测量硬度需正确选择加载负荷、保压时间。通过调整显微硬度计的调焦机构、测量显微镜，采用测量机构的光学放大功能，测定试样在一定实验力下金刚石角锥体压头压入被测物后所残留压痕的对角线长度，来求出被测物的硬度值。

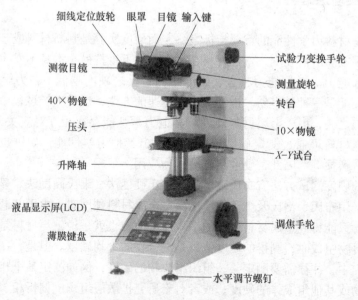

图 19-1　数显显微硬度计

（二）显微硬度计的使用方法和操作要领

1. 加载负荷的选择

为正确地测量被测对象的真实硬度，必须选择恰当负荷。选择负荷应遵循以下几个原则：

（1）在测定金属薄片或表面层硬度时，要根据压头压入深度和试件或表面层厚度选择负荷。一般情况下，试件或表面层厚度是已知的，而待测量试样及部位的硬度范围也是已知的。压头压入试样时，挤压应力的影响深度接近压入深度的 10 倍，因此，为了避免底层硬度的影响，压头压入深度应小于试样或表面层厚度的 1/10。

（2）对试样剖面测定硬度时，应根据压痕对角线长度和剖面宽度选择负荷。压头压入试样时，产生的挤压应力影响区域可从压痕中心扩展到 4 倍对角线的距离。因此，为了避免相邻区域不同硬度或空间对被测部位硬度的影响，压痕中心离开边缘的距离应不小于压痕对角线长度的 2.5 倍，即压痕对角线长度为试样或表面层剖面宽度的 1/5。

（3）当测定晶粒、相、夹杂物等时，应遵守以上两个原则来选择负荷，压头压入深度不大于其厚度的 1/10，压痕的对角线长度应不大于其面积的 1/5。

（4）测定试件的平均硬度时，在试件表面尺寸及厚度允许的前提下，应尽量选择大负荷，以免试件材料组织硬度不均匀影响试件硬度测定的准确性。

（5）为保证测量精度，在情况允许时，应选择大负荷，一般应使压痕对角线长度大于 20μm。

（6）考虑到试件表面冷加工时产生的挤压应力对硬化层的影响，在选择负荷时应在情况许可的条件下选择大负荷。

2. 测量显微镜的正确使用

（1）寻找像平面。
1）针尖试样应采用"光点找像法"。
显微镜物镜视场通常只有 0.25～0.35mm，在此视场范围外区域，在测量显微镜目镜视场内，眼睛是看不见的。而针尖类试样顶尖往往小于 0.1mm，所以在安装调节试样时，很难把此顶尖调节在视场内；如果此顶尖在视场周围而不在视场内，则在升降工作台进行调节时不小心就会把物镜镜片顶坏，即使不顶坏物镜，找像也很困难，为解决这个问题，提出"光点找像法"。

开启测量显微镜的照明灯泡，这时在物镜下方的工作台上就有一个圆光斑，把针尖试样垂直于工作台安装在此光斑的中心，升高工作台，使此针尖的顶尖离开物镜约 1mm，这时眼睛观察顶尖部位，调节工作台上的两个测微丝杠，使物镜下照明光点在前后左右方向对称分布在此顶尖上（该步骤必须仔细）。随后缓慢调节升降机构，这时在目镜视场中即会看到一个光亮点，这就是此顶尖上的反射光点，再进一步调节升降台即可找到此针尖的物像。

2）表面光洁度很高的试样（如显微硬度块）应采用"边缘找像法"。显微硬度实验中，试样表面光洁度一般都是很高的，往往是镜面，表面上没有明显观察特征，而显微硬度计中所有高倍测量显微镜的景深都是非常小的，只有 $1 \sim 2\mu m$，所以在调焦找像平面时，对于缺乏经验的操作者是很困难的，甚至会碰坏物镜，所以操作者会留用表面残留痕迹来找像平面，但有时往往无残留痕迹，此时建议采用"边缘找像法"。即按上述同样方法使用照明光点（为 $0.5 \sim 1mm$）的中心对准试样表面轮廓边缘，则在目镜视场内看到半亮半暗的交界处即为此轮廓边缘，随后进一步调节升降即可找到此表面边缘的物像。

（2）调节照明。

为防止倾斜照明对压痕对角线长度测量精确度的影响，要调节照明光源，使压痕处在视场中心时按两对角线所分的四个区域亮度一致，通过观察测微目镜视场内压痕像的清晰程度，可将照明光源经上、下、前、后、左、右方向稍稍移动，直至观察到压痕像最明亮，没有阴影为止。

（3）视度归正。

显微镜测量压痕时，是将压痕经物镜放大后，成像在目镜前分划板上再进行测量。由于人眼视力差异（如正常眼、近视眼、远视眼），作为放大镜作用的目镜必须放在各种不同位置，才能清晰地观察分划板的刻线（此时刻线最"细"），调节目镜相对于分划板距离的步骤称为视度归正，不然会影响测量正确性。

（4）压痕位置的校正。

通过测微目镜视场看到的压痕像，若偏移视场中心较大，则需要进行压痕位置校正，通过机座调整螺钉反复调整，直到在测微目镜视场内压痕像居中为止，并相互锁紧。

（5）调焦测量压痕对角线长度。

1）旋转测量目镜，使分划板的移动方向和待测压痕对角线方向平行，这样可避免两者夹角对测量精确度的影响。如两者夹角为 α，实际长度为 d，则测量长度 $d = d\cos\alpha$。

2）测量压痕对角线长度，在瞄准时必须瞄准压痕对角线的两端顶尖，不必考虑压痕棱形四边情况。当压痕两条对角线长度不等时，应测量两条对角线长度，并取其平均值。

3）对数字式测微目镜，在每次开机后应使两块分划板刻线重合，然后按"清零"键，使读数归零。

4）操作时经常以标准硬度块校验操作者的瞄准精确度。

（三）利用显微硬度法进行相鉴定

利用显微硬度计对试样的不同组成相分别进行硬度测试，根据所测定的硬度值，可对试样的物相进行鉴别。

五、实验报告要求

（1）测量给定试样组织中各相的显微硬度值，并将测定位置及相用软质黑色铅笔描绘；

（2）试述显微硬度计与其他硬度计（如维氏硬度计、洛氏硬度计）有什么不同，各自的优缺点，分别用于什么场合；

（3）简述你所使用的显微硬度计的构成、各部件功能、操作步骤及使用要领。

实验 20　金属材料拉伸实验

一、实验目的

（1）以 45 钢为例观察试样受力和变形之间的相互关系；

（2）观察 45 钢热处理前、后在拉伸过程中所表现出不同的弹性、屈服、强化、颈缩、断裂等物理现象；

（3）测定 45 钢热处理前、后的强度指标（σ_s、σ_b）和塑性指标（δ、ψ）；

（4）学习、掌握电子万能实验机的工作原理及使用方法。

二、实验原理

拉伸性能是金属材料的基本性能之一，掌握金属的拉伸实验方法是一项基本的实验技能。

三、实验设备及材料

微机控制电子万能实验机，游标卡尺，45 钢，拉伸试样（如图 20-1 所示）。

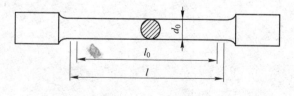

图 20-1　拉伸试样

四、实验方法及步骤

（一）试样准备

在试样上划出长度为 l_0 的标距线，在标距的两端及中部三个位置上，沿两个相互垂直方向各测量一次直径取平均值，再从三个平均值中取最小值作为试件的

直径 d_0。

（二）实验机准备

按实验机→计算机→打印机的顺序开机，开机后须预热 10min 才可使用。按照《软件使用手册》，运行配套软件。

（三）安装夹具

根据试样情况准备好夹具，并安装在夹具座上。若夹具已安装好，对夹具进行检查。

（四）夹持试样

若在上空间实验，则先将试件夹持在上夹头上，力清零消除试件自重后再夹持试件的另一端；若在下空间实验，则先将试样夹持在下夹头上，力清零消除试件自重后再夹持试件的另一端。

（五）开始实验

按运行命令按钮，按照软件设定的拉伸方法进行实验。

（六）记录数据

试样拉断后，取下试样，将断裂试样的两端对齐、靠紧，用游标卡尺测出试样断裂后的标距长度 l_1 及断口处的最小直径 d_1（一般从相互垂直方向测量两次后取平均值）。具体实验数据及采集图记录在表 20-1 ~ 表 20-4 中。

表 20-1　试样尺寸

材料及热处理状态	标距 l_0/mm	直径 d_0/mm									最小横截面积 S_0/mm²
		横截面 I			横截面 II			横截面 III			
		(1)	(2)	平均	(1)	(2)	平均	(1)	(2)	平均	

表 20-2　实验数据

材料及热处理状态	屈服载荷 F_S/kN	最大载荷 F_b/kN	断后标距 l_1/mm	颈缩处直径 d_1/mm			颈缩处横截面 S_1/mm²
				(1)	(2)	平均	

表 20-3　计算结果

材料及热处理状态	强度指标		塑性指标	
	屈服强度 σ_s/MPa	抗拉强度 σ_b/MPa	伸长率 δ/%	断面收缩率 ψ/%

注：计算结果取三位有效数字即可。

表 20-4　试件破坏断口图

材料及热处理状态	破坏断口图

五、实验报告要求

（1）绘制拉伸应力应变图；

（2）分析说明 45 钢经热处理后强度指标（σ_s、σ_b）和塑性指标（δ、ψ）有什么改变。

实验 21　金属材料冲击实验及低温韧性

一、实验目的

（1）了解冲击实验机的构造、原理；
（2）掌握常温及低温条件下金属冲击实验方法；
（3）会用断口分析方法判断金属韧脆转化温度 T_c。

二、实验原理

结构材料在静载荷下发生破坏，没有在动载荷或冲击载荷下发生破坏那么常见。金属材料的冲击实验是测定在动载荷条件下金属材料的破断属性的实验方法。通常所说的冲击实验指一次冲击实验，实验是在苛刻的受力状态下进行的：加载速度非常高，具有冲击特点；多数情况下试样开有缺口，缺口周围的高应力集中，妨碍材料的塑性流动；在低温进行冲击实验，低温提高了材料的变形抗力。

冲击实验时的材料特性在硬度实验、拉伸实验等准静态实验中不能反映出来。历史上曾经尝试过拉伸冲击、扭转冲击、弯曲冲击等多种加载方法的实验方法，最后得到广泛应用的是弯曲冲击实验方法。它的实验机结构简单、操作方便，并且能够表现材料内部微小的材质变化。

目前进行冲击实验普遍采用横梁式弯曲加载方法，它的试样形式因材料而异。以黑色金属为主的结构材料的试样多采用 V 形缺口，外形尺寸为 10mm × 10mm × 55mm。实验原理是用摆锤将固定靠放在稳定支架上的试样一次冲断。摆锤拥有的能量足以把试样一次折断，利用摆锤冲断试样后回升的高度与原来提升高度之差计算试样破坏期间吸收的能量。

实验时，把试样放在图 21-1 的 B 处，将摆锤举至高度为 H 的 A 处自由落下，冲断试样即可。

摆锤在 A 处所具有的势能为

$$E = GH = GL(1 - \cos\alpha)$$

冲断试样后，摆锤在 C 处所具有的势能为

$$E_1 = Gh = GL(1 - \cos\beta)$$

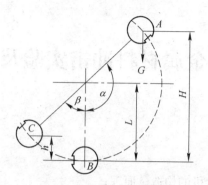

图 21-1   冲击实验原理图

势能之差 $E - E_1$，即为冲断试样所消耗的冲击功 A_K

$$A_K = E - E_1 = GL(\cos\beta - \cos\alpha)$$

式中 G——摆锤重力，N；

        L——摆长（摆轴到摆锤重心的距离），mm；

        α——冲断试样前摆锤扬起的最大角度；

        β——冲断试样后摆锤扬起的最大角度。

三、实验设备及材料

冲击试验机、标准冲击试样。

根据国家标准 GB 229—84《金属夏比（U 形缺口）冲击实验方法》、GB 2106—80《金属夏比（V 形缺口）冲击实验方法》和 GB 4159—84《金属低温夏比冲击实验方法》的规定，冲击实验可使用夏比 U 形缺口（其冲击功表示为 A_{KU}）和夏比 V 形缺口（其冲击功表示为 A_{KV}）试样。试样外形尺寸均为 10mm × 10mm ×55mm，缺口深度为 2mm，其尺寸要求及表面粗糙度要求如图 21-2 所示。无论 U 形缺口还是 V 形缺口，当坯料尺寸无法满足 10mm × 10mm × 55mm 要求时，可加工成 7. 5mm × 10mm × 55mm 或 5mm × 10mm × 55mm 小尺寸的辅助试样，此时缺口应开在试样的窄面上。由于冲击试样的尺寸及缺口形状对冲击实验的数据影响非常大，所以不同形式试样的冲击韧性之间不能相互对比，也不能互换。在冲击实验报告中必须注明试样形状及尺寸。试样的加工精度必须满足上述三个国家标准的要求。检查试样尺寸所用的量具精度应不低于 0. 02mm。

四、实验方法及步骤

（1）测量试样的几何尺寸及缺口处的横截面尺寸。

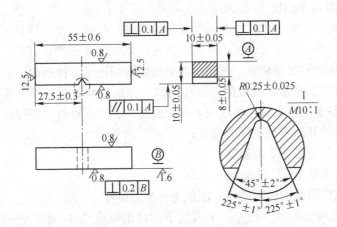

图 21-2 夏比 V 形缺口冲击试样

（2）根据估计材料冲击韧性来选择实验机的摆锤和表盘。

（3）安装试样。

（4）进行实验。将摆锤举起到高度为 H 处并锁住，然后释放摆锤，冲断试样。

（5）记录表盘上所示的冲击功 A_{KU} 或 A_{KV} 值。取下试样，观察断口。实验完毕，将实验机复原。计算冲击韧性值 α_{KU}（J/cm^2）或 α_{KV}（J/cm^2）。

$$\alpha_{KU} = \frac{A_{KU}}{S_0} \tag{21-1}$$

$$\alpha_{KV} = \frac{A_{KV}}{S_0} \tag{21-2}$$

式中 A_{KU}——U 形缺口试样的冲击吸收功，J；

A_{KV}——V 形缺口试样的冲击吸收功，J；

S_0——试样缺口处断面面积，cm^2。

冲击韧性值 α_{KU} 或 α_{KV} 是反映材料抵抗冲击载荷的综合性能指标，它随着试样的绝对尺寸、缺口形状、实验温度等的变化而不同。

（6）将上述数据整理在表 21-1 中并进行分析。

表 21-1 实验数据表

实验材料及热处理状态	实验温度	试样缺口处断面尺寸			冲击功 A_K /kJ·m^{-2}	冲击韧性 /J·cm^{-2}	断口特征
		高度/cm	宽度/cm	断口面积 /cm^2			

（7）韧脆转变温度 T_c 的确定。

实验结束后，先对试样的断裂和变形情况进行分析记录。尽量区分断口上的塑性变形区域和脆性断裂区域，并估计各种区域所占面积的百分比。检查试样断口上是否有特殊的宏观缺陷，判断试样是脆性断裂还是韧性断裂。记录不同试样（或不同温度）的冲击韧性数据，整理制表，分析实验数据，解释实验结果。如果做了系列温度冲击实验，可以用下列数据之一，确定材料的韧脆转化温度 T_c。

1）冲击值开始明显下降的温度；

2）冲击值下降 1/2 的温度；

3）冲击值低于 27J 的温度；

4）在试样断面中脆断破坏的面积为一半的温度。

在处理实验数据时，把每一个温度下的冲击吸收功 A_K 都要分别记录，不要取平均值；根据实验数据在坐标纸上绘制 $A_K - t$ 曲线，此时每一个温度下测定的 A_K 值都应分别表示，然后根据这些数据变化趋势做出光滑曲线，从中确定韧脆转化温度 T_c。实验数据必须至少保留两位有效数字，可按数字规定修约。如果试样未完全折断，而且是由于实验机冲击能量不足而引起的，则应在实验数据 A_{KU} 或 A_{KV} 前加大于号 " > "；若是由其他情况引起的，则应注明 "未折断" 字样。

注意事项：

（1）摆锤抬起及摆动过程中可能发生危险，要特别注意安全；冲击打飞的试样也可能打伤人，必须充分注意。

（2）试样按规定的要求，切口对准支座的中心，并朝向被打出的方向。当进行系列温度实验时将试样按一定的规则排列编号，并且注意记住冲击试样的编号和对应的位置，按顺序依次进行冲击实验。

（3）在进行低温冲击实验时，检查制冷装置的循环水是否畅通，将制冷电源打开，将试样装入试样盒，放入实验机的冷却槽内进行冷却。实验从低温开始做起，当达到要求的最低温度时，保持 5min 使其温度均匀，开动实验机进行系列冲击实验。

（4）每次冲击实验之后立即刹车，停止摆锤运动，记录下冲击吸收功 A_K 的实验数据，将指针重新摆放在起始位置，再进行下一个实验。

五、实验报告要求

（1）画出试样尺寸及形状，注明材料和热处理状态；

（2）说明实验所用的设备和冷却装置；

（3）整理实验数据，绘制 $A_K - t$ 曲线，分析韧脆转化温度 T_c，说明断口形状与冲击温度之间的定性关系。

实验 22 金属材料疲劳裂纹扩展及断裂韧性 K_{IC} 测定

一、实验目的

(1) 了解金属材料平面应变断裂韧度 K_{IC} 实验的基本原理以及对试样形状和尺寸的要求;

(2) 掌握采用三点弯曲试样测试 K_{IC} 的方法及实验结果的处理方法。

二、实验原理

断裂韧度 K_{IC} 是金属材料在平面应变和小范围屈服条件下裂纹失稳扩展时应力场强度因子 K_I 的临界值,它表征金属材料抵抗断裂的能力,是度量材料韧性好坏的一个定量指标。断裂韧度 K_{IC} 的测试过程,就是把实验材料制成一定形状的试样,并预制出相当于缺陷的裂纹,然后把试样加载。加载过程中,连续记录载荷 F 与相应的裂纹尖端张开位移 V。裂纹尖端张开位移 V 的变化表示了裂纹尚未起裂、已经起裂、稳定扩展或失稳扩展的情况。当裂纹失稳扩展时,记录下载荷 K_Q,再将试样压断,测得预制裂纹长度 a,代入裂纹尖端应力强度因子 K 的表达式中得到临界值,记作 K_Q,然后按一些规定判断 K_Q 是不是真正的 K_{IC},如果不符合判别要求,则 K_Q 仍不是 K_{IC},需要重做。

国家标准《金属材料平面应变断裂韧度 K_{IC} 试验方法》规定的主要使用试样是三点弯曲和紧凑拉伸两种,试样尺寸分别如图 22-1 和图 22-2 所示。K 的表达式为

$$K_1 = \frac{FS}{BW^{1/2}} \times \frac{2 + a/W}{(1 - a/W)^{3/2}} \times \left[0.866 + \frac{4.64a}{W} - 13.32\left(\frac{a}{W}\right)^2 + 14.72\left(\frac{a}{W}\right)^3 - 5.6\left(\frac{a}{W}\right)^4 \right]$$

$$(22-1)$$

当 $S = 4W$ 时,式 (22-1) 又可表示为

$$K_1 = \frac{4FW}{BW^{1/2}} \times \frac{2 + a/W}{(1 - a/W)^{3/2}} \times \left[0.866 + \frac{4.64a}{W} - 13.32\left(\frac{a}{W}\right)^2 + 14.72\left(\frac{a}{W}\right)^3 - 5.6\left(\frac{a}{W}\right)^4 \right]$$

$$(22-2)$$

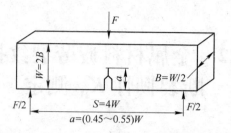

图 22-1　三点弯曲试样

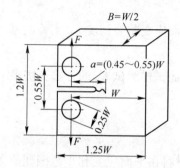

图 22-2　紧凑拉伸试样

（一）试样尺寸确定

标准规定，测得 K_Q 是否有效，要看是否满足以下两个条件：

（1）$B \geqslant 2.5\left(\dfrac{K_{IC}}{\sigma_S}\right)^2$；

（2）$F_{max}/F_Q \leqslant 1.1$。

如果符合上述两项条件，K_Q 即 K_{IC}；如不符合，则 K_Q 不是 K_{IC}，须加大试样尺寸，重新实验。

当 K_{IC} 尚无法预估时，可参考类似钢种的数据，标准中还规定了尺寸选择的办法。B 确定后，则可依试样图确定试样其他尺寸和裂纹长度 a 及韧带尺寸 $W-a$。

（二）试样制备

试样可以从机件实物上切取，也可以从铸、锻件毛坯或轧材上切取。由于材料的断裂韧度与裂纹取向和裂纹扩展方向有关，所以在切取试样时应予以注明。

试样毛坯粗加工后，进行热处理和磨削加工（不需热处理的试样粗加工后直接进行磨削加工），随后开缺口和预制疲劳裂纹。试样上的缺口一般用线切割加工。为了后面预制的裂纹平直，缺口应尽可能尖锐，一般要求尖端半径为 0.08 ~ 0.1mm。

开好缺口的试样，在高频疲劳试验机上预制疲劳裂纹。试样表面上的裂纹长度应不小于 $0.025W$ 或 1.3mm，取其中之较大值。a/W 应控制在 0.45 ~ 0.55 范围内。预制疲劳裂纹时，先在试样的两个侧面上垂直于裂纹扩展方向用铅笔或其他工具画两条标线（图 22-3），其中标线 AB 与 $0.5W$ 相对应，标线 CD 在靠近缺口一侧，两条标线间的距离应不小于缺口加疲劳裂纹总长度的 2.5%，即 $0.0125W$。预制疲劳裂纹开始时的载荷可较大，但最大交变载荷也不应使 $K_{f,max}$（预制疲劳裂纹时的最大应力场强度因子）超过材料 K_{IC} 估计值的 80%。交变载荷的最低值应使最小载荷与最大载荷在裂纹扩展最后阶段（即在裂纹总长度最后的 2.5% 的距离内），应使 $K_{f,min} \leqslant 60\% K_{IC}$，并且 $K_{f,max}/E < 0.01 mm^{1/2}$，同时调整最小载荷使载荷比在 1 ~ 0.1 之间。预制疲劳裂纹过程中，要用放大镜或计数显微镜仔细监视裂纹的发展，遇有试样两侧裂纹发展深度相差较大时，可将试样调转方向继续加载。

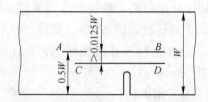

图 22-3　预制疲劳裂纹时两条标线的位置

（三）断裂实验

将制备好的试样用专门制作的夹持装置在一般万能材料试验机或电子拉伸试验机上进行实验，图 22-4 所示的是三点弯曲试样断裂韧度实验的示意图。试样 2 放在支座上，机器油缸下装载荷传感器 1，下连压头，试样 2 下边装夹式引伸计 3。加载过程中，载荷传感器传出载荷 F 的信号，夹式引伸计传出裂纹尖端张开位移 V 的信号，将信号 F、V 通过放大器 4 输入 $X-Y$ 函数记录仪 5，记录下 $F-V$ 曲线，然后依 $F-V$ 曲线确定裂纹失稳扩展临界载荷 F_Q，依 F_Q 和试样压断后实测的裂纹长度 a 代入式（22-1）、式（22-2）以求 K_Q。

三、实验设备及材料

（1）万能材料试验机：最大试验力 100kN（或 300kN），在活动横梁上应配备有专用的弯曲试样支座 1 台。

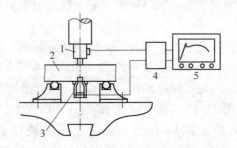

图 22-4　三点弯曲试样断裂韧度实验

1—传感器；2—试样；3—夹式引伸计；4—放大器；5—函数记录仪

（2）动态应变仪 1 台，$X - Y$ 函数记录仪 1 台，压力传感器 100kN 1 个，夹式引伸计 1 个，位移标定器 1 台，工具显微镜 1 台。

（3）实验用材料及试样：本实验采用图 22-1 所示的标准三点弯曲试样。对于强度较高而韧性较差的材料，即使试样尺寸较小也能满足平面应变和小范围屈服的条件。对强度低、韧性好的材料，则要很大尺寸的试样才能满足上述条件。为了保证用较小尺寸的试样测得有效的 K_{IC} 值，试样材料和热处理工艺的选择应保证 $\sigma_{0.2}$ 较高而 K_{IC} 较低。试样材料及其热处理工艺可在如下推荐的两种中任选一种，也可根据上述原则另外选取。

1）40Cr 钢，淬火 + 200℃ 回火；

2）2024 铝合金，T6 态。

每组学生领取同一种材料及热处理工艺的试样 1 个或 3 个。

此外，尚需准备游标卡尺一把及支持引伸计用的刀口 6 块，"502" 快干胶水一瓶。

四、实验方法及步骤

（1）测量试样尺寸。在缺口附近至少 3 个位置上测量试样宽度 W，准确到 0.025mm 或 0.1%δ（取其中之较大者），取其平均值。

（2）安装弯曲试样支座，使加力线通过跨距 s 的中点，偏差在 s 的 1% 以内。放置试样时应使裂纹顶端位于跨距的正中，偏差也不得超过 s 的 1%，而且试样与支承辊的轴线应呈直角，偏差在 2° 以内。

（3）标定引伸计。

（4）试样上粘贴刀口，安装引伸计，使刀口与引伸计两臂前端的凹槽密切配合。

（5）将压力传感器和夹式引伸计的接线分别按 "全桥法" 接入动态应变仪，

并进行平衡调节。用动态输出档,将压力 F 及裂纹尖端开位移 V 的输出讯号分别接到函数记录仪的"Y"和"X"接线柱上。调整好函数记录仪的放大比例,使记录的曲线线性部分的斜率在 $0.7 \sim 1.5$ 之间,最好在 1 左右;再调整动态应变仪和 $X-Y$ 记录仪的放大倍数使画出的图形大小适中。

(6)开动试验机,对试样缓慢而均匀地加力,加力速率的选择应使应力场强度因子的增加速度在 $17.4 \sim 87.0 \text{N}/(\text{mm}^{3/2} \cdot \text{s}^{-1})$ 范围内。在加力的同时记录 $F-V$ 曲线,直至试样所能承受的最大力后停止。此外,在加力过程中,还应在 $F-V$ 曲线上记录任一初始力和最大力的数值(由试验机表盘读出),以便对 $F-V$ 曲线上的力值进行标定。

(7)实验结束后,取下引伸计,压断试样。将压断后的试样在工具显微镜或其他精密测量仪器下测量裂纹长度 a。由于裂纹前沿不平直,规定在 $B/4$、$B/2$、$3B/4$ 的位置上测量裂纹长度 a_2、a_3 及 a_4(见图 22-5),各测量值准确到裂纹长度 a 的 0.5%,取其平均长度 $a = (a_2 + a_3 + a_4)/3$ 作为裂纹长度。a_2、a_3、a_4 中任意两个测量值之差以及 a_1 与 a_5 之差都不得大于 10%。

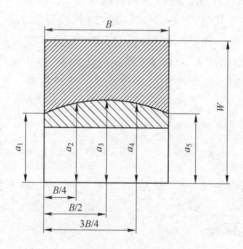

图 22-5 裂纹长度的测量位置

(8)实验结果的分析及处理。

1)确定裂纹失稳扩展时的条件临界力值 F_Q。测得的 $F-V$ 曲线有如图 22-6 所示三种形式,对强度高、塑性低的材料,加载初始阶段,$F-V$ 呈直线关系,当载荷达到一定程度,试样突然断裂,曲线突然下降,得到曲线 I,这时曲线最大载荷就是计算 K_{IC} 的 F_Q,对韧性较好的材料,曲线首先依直线关系上升到一定值后,突然下降,出现"突进"点,旋又上升,直到某一更大载荷,试样才完全断裂,如曲线 II,韧性更好的材料,得到 $F-V$ 曲线 I。对 I、II 两种曲线,标准规定从坐标原点做比试验曲线斜率小 5% 的斜线与试验曲线相交,得一点

F_5，如 F_5 以左曲线上有载荷点高于 F_5 的，即以 F_5 以左的最高载荷为 F_Q；如 F_5 以左无载荷点高于 F_5，即以 F_5 为 F_Q，以计算 K_Q。

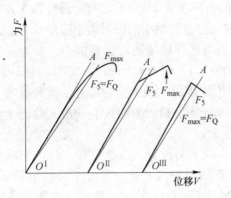

图 22-6　$F - V$ 曲线的三种基本形式

F_Q 确定后，将试样压断，测量预制裂纹长度 a，将 F_Q、a、B、W、S 等代入应力强度因子表达式（式（22-1）、式（22-2））以计算 K_Q。注意断口上预测裂纹线并不是一平直的线，而是一弧形线，标准中规定了裂纹长度 a 值的求法。

2）计算条件断裂韧性 K_Q。将 F_Q 和 a 值代入 K_I 表达式计算 K_Q。

3）K_{IC} 有效性判别。标准规定，测得的 K_Q 是否有效，要看是否满足以下两个条件：

① $B \geqslant 2.5 \left(\dfrac{K_{IC}}{\sigma_s} \right)^2$；

② $F_{max} / F_Q \leqslant 1.1$。

如果符合上述两项条件，K_Q 即 K_{IC}；如不符合，K_Q 则不是 K_{IC}。

五、实验报告要求

（1）简述用三点弯曲试样测试 K_{IC} 的原理、实验装备及实验过程；

（2）将所测试样的实验数据填入表 22-1，并对实验数据进行分析计算。

表 22-1　断裂韧度实验记录表

试样材料	热处理	试样尺寸 /mm	缺口形状	缺口宽度 /mm	缺口深度 /mm	断裂韧度 /MPa·m$^{\frac{1}{2}}$

实验 23 金属材料疲劳实验

一、实验目的

（1）了解疲劳实验的基本原理；
（2）掌握疲劳极限、$S-N$ 曲线的测试方法。

二、实验原理

（一）疲劳抗力指标的意义

目前评定金属材料疲劳性能的基本方法就是通过实验测定其 $S-N$ 曲线（疲劳曲线），即建立最大应力 σ_{max} 或应力振幅 σ_a 与其相应的断裂循环周次 N 之间的关系曲线。不同金属材料的 $S-N$ 曲线形状是不同的，大致可以分为两类，如图 23-1 所示。其中一类曲线从某应力水平以下开始出现明显的水平部分，如图 23-1a 所示。这表明当所加交变应力降低到这个水平数值时，试样可承受无限次应力循环而不断裂。因此将水平部分所对应的应力称之为金属的疲劳极限，用符号 σ_R 表示（R 为最小应力与最大应力之比，称为应力比）。若实验在对称循环应力（即 $R=-1$）下进行，则其疲劳极限以 σ_{-1} 表示。中低强度结构钢、铸铁等材料的 $S-N$ 曲线属于这一类。对这一类材料在测试其疲劳极限时，不可能做到无限次应力循环，而实验表明，这类材料在交变应力作用下，如果应力循环达到 10^7 周次不断裂，则表明它可承受无限次应力循环也不会断裂，所以对这类材料常用 10^7 周次作为测定疲劳极限的基数。另一类疲劳曲线没有水平部分，其特点是随应力降低，循环周次 N 不断增大，但不存在无限寿命，如图 23-1b 所示。在这种情况下，常根据实际需要定出一定循环周次（10^8 或 5×10^7）下所对应的应力作为金属材料的"条件疲劳极限"，用符号 $\sigma_{R(N)}$ 表示。

（二）$S-N$ 曲线的测定

1. 条件疲劳极限的测定

测试条件疲劳极限 $\sigma_{R(N)}$ 采用升降法，试件取 13 根以上。每级应力增量 $\Delta\sigma$ 取预计疲劳极限的 5% 以内，第一根试件的试验应力水平略高于预计疲劳极限。

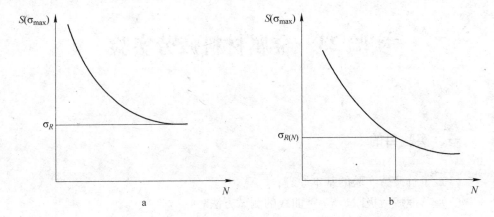

图 23-1　金属的 $S-N$ 曲线示意图

a—有明显水平部分的 $S-N$ 曲线；b—无明显水平部分的 $S-N$ 曲线

根据上根试件实验结果的失效（即达到循环基数不破坏）与否来决定下根试件应力增量是减还是增，失效则减，通过则增。直到全部试件做完。第一次出现相反结果（失效和通过，或通过和失效）以前的实验数据，如在以后实验数据波动范围之外，则予以舍弃；否则，作为有效数据，连同其他数据加以利用，按式（23-1）计算疲劳极限：

$$\sigma_{R(N)} = \frac{1}{m} \sum_{i=1}^{n} v_i \sigma_i \qquad (23\text{-}1)$$

式中　m——有效实验总次数；

　　　N——应力水平基数；

　　　σ_i——第 i 级应力水平；

　　　v_i——第 i 级应力水平下的实验次数。

　　例如，某实验过程如图 23-2 所示，共 14 根试件。预计疲劳极限为 390MPa，取其 2.5% 约 10MPa 为应力增量 $\Delta\sigma$，第一根试件的应力水平 402MPa，全部实验数据波动如图 23-2 所示，可见，第四根试件为第一次出现相反结果，在其之前，只有第一根在以后实验波动范围之外，为无效，则按上式求得条件疲劳极限如下：

$$\sigma_{R(N)} = \frac{1}{13}(3 \times 392 + 5 \times 382 + 4 \times 372 + 1 \times 362) = 380\text{MPa}$$

这样求得的 $\sigma_{R(N)}$，存活率为 50%，欲要求其他存活率的 $\sigma_{R(N)}$，可用数理统计方法处理。

　　2. $S-N$ 曲线的测定

　　测定 $S-N$ 曲线（即应力水平 σ-循环次数 N 曲线）采用成组法。至少取五级应力水平，各级取一组试件，其数量分配因随应力水平降低而数据离散增大，

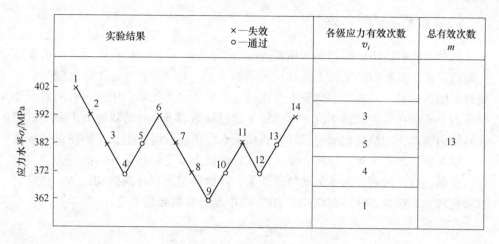

图 23-2 升降法测疲劳极限实验过程

故要随应力水平降低而增多，通常每组 5 根。升降法求得的，作为 $S-N$ 曲线最低应力水平点。然后，以 σ_i 为纵坐标，以循环数 N 或 N 的对数为横坐标，用最佳拟合法绘制成 $S-N$ 曲线，如图 23-3 所示。

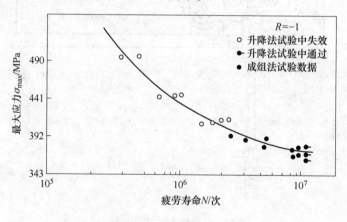

图 23-3 $S-N$ 曲线图

三、实验设备及材料

（一）疲劳试验机

疲劳试验机有机械传动、液压传动、电磁谐振以及近年来发展起来的电液伺服等，机械传动类又有重力加载、曲柄连杆加载、飞轮惯性、机械振动等形式，以下简述几种常使用的疲劳试验机。

1. 旋转弯曲疲劳试验机

这种试验机的历史最悠久、积累数据最多，是一种迄今仍在广泛应用的疲劳试验机设备，是从模拟轴类工作条件发展起来的。图 23-4 为旋转弯曲疲劳试验机外形图，试样 1 与左、右弹簧夹头连成一个整体作为转梁。用左、右两对滚动轴承四点支承在一对转筒 2 内，电动机 3 通过计数器 5、活动联轴节 4 带动试样在转筒内转动，加载砝码通过吊杆 7 和横梁 6 作用在转筒 2 上，从而使试样承受一个恒弯矩。吊重不动，试样转动，则试样截面上承受对称循环弯曲应力。当试样疲劳断裂时，转筒 2 落下触动停车开关，计数器记下循环断裂周次 N，这样的试验机转速一般在 3000～1000 次/min，图中 8 为加载卸载手轮。

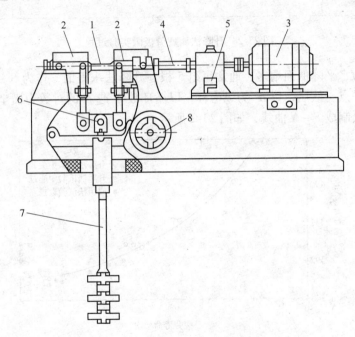

图 23-4　旋转弯曲疲劳试验机

1—试样；2—转筒；3—电动机；4—活动联轴节；5—计数器；
6—横梁；7—吊杆；8—加载卸载手轮

2. 电磁谐振疲劳试验机

瑞士 Amsler 高频疲劳试验机（图 23-5）是一个由试样 3、弹性测力计 4、调节固有频率的质量块 1、电磁振荡器 14、预加载弹簧 5 以及重大的起反作用的质量块 2 组成的振动体系，整个体系放在四个隔振块 7 上，这个体系有一个固有振动频率，微小的振动就使小电磁铁 13 得到一个与固有频率同相位的电势信号通入放大器 15，经过功率放大，得到强大的电流通入电磁振荡器 14，使试样以系统固有频率经受循环载荷。弹性测力计 4 的弹性外壳与中心自由悬垂不受力的杆 17 在系统受力过程中发生位移差而使带着小镜子 16 的杆转动，小镜子 16 上接收来自线光源在转动中发生的偏转，偏转反映在透明标尺 9 上，指示试样所受的力的大小及范围。调节光电管 11 及光闸 10 位置，形成载荷信号反馈到放大器 15，修正通入振荡器的电流值，从而修正试样所受载荷大小。质量块 1 是由几个圆盘组成的，可通过增减圆盘改变质量以调节固有频率，改变试样尺寸也可调节固有频率，频率范围为 60~300Hz，通过调节丝杠 6 和弹簧 5 可施加静载荷，欲得到任意不对称的循环载荷。这样的机器现在应用很广泛，可用它做轴向加载和弯曲加载的实验以及裂纹扩展方面的实验。机器装有载荷保护装置，当载荷过大、过小超过规定范围时，自动停车。

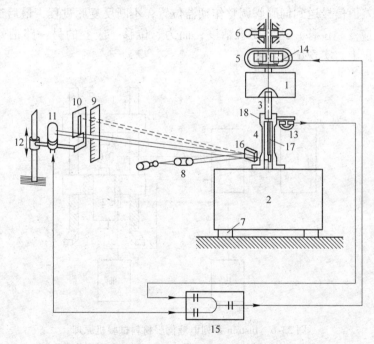

图 23-5　Amsler 高频疲劳试验机

1，2—质量块；3—试样；4—弹性测力计；5—预加载弹簧；6—调节丝杠；7—隔振块；
8—线光源；9—透明标尺；10—光闸；11—调节光电管；12—光电管调节器；13—电磁铁；
14—电磁振荡器；15—放大器；16—小镜子；17—杆；18—弹性外壳

3. 电液伺服疲劳试验机

电子计算机控制的电液伺服材料试验机是近 30 年发展起来的最新材料试验机，对低周疲劳、随机疲劳、断裂力学的各项实验开展有着很大的推动作用。电液伺服疲劳试验机的准确性、灵敏性和可靠性比其他类型的试验机都要高，可以实现任何一种方式的载荷控制、位移控制或应变控制，可在裂纹扩展过程中保持恒定载荷，可以测出试样的应力应变关系，应力应变滞后回线随周次的变化，可任意选择应力循环波形。配用计算机后，可进行复杂的程序控制加载、数据处理分析以及打印、显示和绘图，可以通过伺服阀与作动器的各种配置，加上适当的泵源，组成频率范围在 0.0001 ~ 300Hz 的各种系统，吨位容量范围 1 ~ 3000t，适用于试件及各种结构。

图 23-6 为 Instron 系列电液伺服材料试验机原理图。给定信号 I 通过伺服控制器将控制信号送到伺服阀 1，用来控制从高压液压源 III 来的高压油推动作动器 2 变成机械运动作用到试样 3 上，同时载荷传感器 4、应变传感器 5 和位移传感器 6 又把力、应变、位移转化成电信号，其中一路反馈到伺服控制器中与定信号比较，将差值信号送到伺服阀调整作动器位置，不断反复此过程，最后试样上承受的力（应变、位移）达到要求精度，而力、位移、应变的另一路信号通入读出器单元 IV 上，实现记录功能。

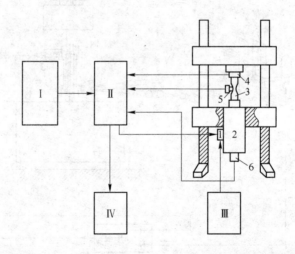

图 23-6　Instron 系列电液伺服材料试验机原理
1—伺服阀；2—高压油推动作动器；3—试样；4—载荷传感器；
5—应变传感器；6—位移传感器

（二）疲劳试样

疲劳试样的种类很多，其形状和尺寸主要取决于实验目的、所加载荷的类型及试验机型号。实验时所加载荷类型不同，试样形状和尺寸也不相同。现将国家标准中推荐的几种旋转弯曲疲劳实验和轴向疲劳实验的试样列于图 23-7 ~ 图 23-14，以供选用。

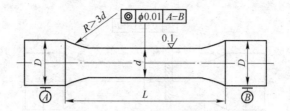

图 23-7　圆柱形光滑弯曲疲劳试样

($d = 6\,\mathrm{mm}$、$7.5\,\mathrm{mm}$、$9.5\,\mathrm{mm} \pm 0.05$，$L = 40\,\mathrm{mm}$)

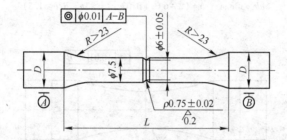

图 23-8　圆柱形缺口弯曲疲劳试样

(ρ—缺口半径；K_1—应力集中系数，$K_1 = 1.86$)

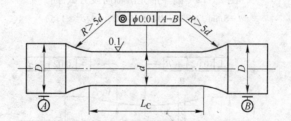

图 23-9　圆柱形光滑轴向疲劳试样

($d = 5\,\mathrm{mm}$、$8\,\mathrm{mm}$、$10\,\mathrm{mm} \pm 0.02$，$L_C > 3d$，$D^2 / d^2 \geqslant 1.5$)

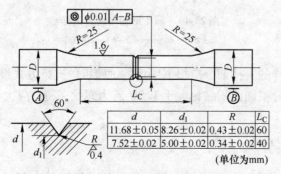

d	d_1	R	L_C
11.68 ± 0.05	8.26 ± 0.02	0.43 ± 0.02	60
7.52 ± 0.02	5.00 ± 0.02	0.34 ± 0.02	40

(单位为mm)

图 23-10　圆柱形 V 形缺口轴向疲劳试样

($K_1 = 3$)

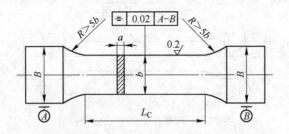

图 23-11　矩形光滑轴向疲劳试样

($ab \geqslant 30\text{mm}^2$，$b = (2 \sim 6)\,a \pm 0.02$，$L_C > 3b$，$B/b \geqslant 1.5$)

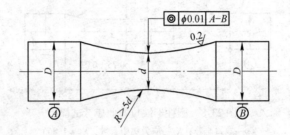

图 23-12　漏斗形光滑轴向疲劳试样

($d = 5\text{mm}$、8mm、$10\text{mm} \pm 0.02$，$D^2/d^2 \geqslant 1.5$)

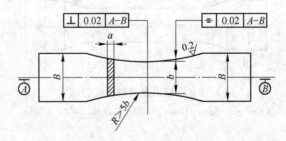

图 23-13　漏斗形轴向疲劳试样

($ab \geqslant 30\text{mm}^2$，$b = (2 \sim 6)\,a \pm 0.02$)

以上各种试样的夹持部分应根据所用的试验机的夹持方式设计。夹持部分截面面积与试验部分截面面积之比大于 1.5。若为螺纹夹持，应大于 3。

四、实验方法及步骤

本实验在旋转弯曲疲劳试验机上进行，其试样形状与尺寸如图 23-7 所示。实验材料以 2024 铝合金或中碳钢为宜。

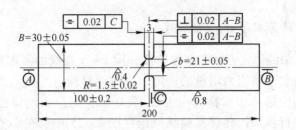

图 23-14　矩形 U 形缺口轴向疲劳试样

($R/B = 0.05$，$b/B = 0.7$，$K_1 = 3$)

（一）实验准备工作

（1）领取实验所需试样，将试样两端打上编号。

（2）用精度为 0.01mm 的螺旋测微器测量试样尺寸，在试样工作区的两个相互垂直方向各测一次，取其平均值。

（3）静力实验。取其中一根合格试样，在拉伸试验机上测其 δ_b。静力实验目的一方面是检验材质强度是否符合热处理要求，另一方面可根据此确定各级应力水平。

（二）$S - N$ 曲线测试

（1）按前述有关规定确定各级应力水平。

（2）确定载荷。根据试样直径 d 及载荷作用点到支座距离 a，代入弯曲应力计算公式：

$$\sigma = \frac{F\alpha}{2} \bigg/ \frac{\pi d^3}{32} \tag{23-2}$$

得

$$F = (\pi d^3 / 16\alpha)\sigma \tag{23-3}$$

将选定的应力 σ_1、σ_2、…代入上式，即可求得相应的 F_1、F_2、…此时若砝码配重无法满足计算载荷 F_1、F_2、…时，可按实际所加的相近重量，依次为实际载荷，再反算出实际应力。

（3）安装试样。将试样安装在试验机上，使其与试验机主轴保持良好同轴，用百分表检查。再用联轴节将旋转整体与电动机连接起来，同时把计数器调零。若电动机带有转速调节器，也将其调至零点。

（4）正式实验。接通电源，转动电机转速调节器，由零逐渐加快。实验时，一般以 6000r/min 为宜。当达到实验转速后，再把估算的砝码加到砝码盘上。

（5）观察与记录。由高应力到低应力水平，逐级进行实验。记录每个试样断裂的循环周次，同时观察断口位置和特征。

（三）条件疲劳极限 $\sigma_{R(N)}$ 的测定

条件疲劳极限的测定方法和操作步骤与其 $S-N$ 曲线的测定基本上一样，所不同的就在应力水平及应力增量的选定上。对钢材而言，$\sigma_{R(N)}$ 测试中，也选四级应力水平，其中第一个试样的应力 σ_1 取 $0.5b$，而应力增量建议取 $0.0250b$。然后用升降法进行实验，并将实验结果记在图 23-15 中。在实验过程中随时记录，随时进行数据分析。当有效数据达到 13 个以上，则停止实验。将图 23-15 中的数据代入式 （23-1） 计算条件疲劳极限。

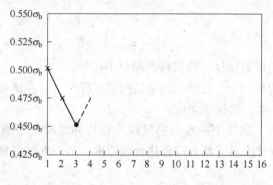

图 23-15   升降法试样情况记录表

五、实验报告要求

（1）说明实验所用设备的型号，画出试样草图；

（2）简述升降法测定 $\sigma_{R(N)}$ 的方法；

（3）按图 23-16 的实验数据，计算 2024 铝合金在 $R=0.1$ 时的条件疲劳极限 $\sigma_{R(N)}$ 值。

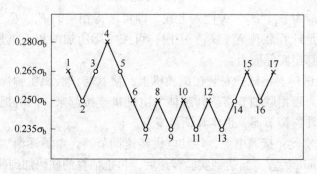

图 23-16   2024 铝合金 $R=0.1$ 的升降图

实验 24 金属材料平面变形抗力 *K* 值的测定

一、实验目的

(1) 了解变形抗力随变形程度、变形速度的变化规律；
(2) 分析影响变形抗力的因素及依据具体条件确定变形抗力数值；
(3) 掌握平面变形抗力的测定方法。

二、实验原理

金属发生变形时，受到外力的作用，欲使大量的原子定向地由原来的稳定位置移向新的稳定平衡位置，必须在金属内引起一定的应力场以克服使原子回到原来平衡位置上去的弹性力，可见，金属有保持其原有形状而抵抗变形的能力。度量金属这种抵抗变形能力的力学指标称为塑性变形抗力，简称变形抗力或称变形阻力。变形抗力反映金属变形的难易程度，它既是确定塑性加工力学性能参数的主要因素，又是金属材料的主要力学性能指标。从塑性成型工艺角度来讲，总是希望变形金属具有低的变形抗力，故了解影响变形抗力的因素和研究如何降低变形抗力的方法具有十分重要的意义。利用平面压缩实验可以较准确地测定金属的平面变形抗力。

平面变形压缩实验采用图 24-1 所示装置。

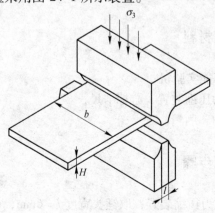

图 24-1 平面变形压缩实验装置示意图

该装置的结构参数如下。

（1）锤头宽度：

$$l = 2 - 4H \tag{24-1}$$

式中　H——试料厚度，mm。

$$b > 51 \tag{24-2}$$

（2）试料宽度。压缩变形时，当接触表面充分润滑，可近似地看作无摩擦，l/b 的比值较小时，此变形过程可以认为是平面变形状态。此时，把压缩方向的应力用 σ_3 表示。

$\sigma_3 < 0$，金属塑流方向应力 $\sigma_1 = 0$；$\sigma_2 = \sigma_3 / 2$；$d\varepsilon_1 = -d\varepsilon_3$，$d\varepsilon_2 = 0$。

根据塑性变形条件：$\sigma_1 - \sigma_3 = 2/\sqrt{3}\sigma_s = 1.155\sigma_s$，即

$$\sigma_3 = 1.155\sigma_s \tag{24-3}$$

此时所测得的平均单位压力 $\bar{p}$ 即为平面变形抗力：

$$\bar{p} = -\sigma_3 = 1.155\sigma_s = 2k = K \tag{24-4}$$

$$\varepsilon_e = 2/\sqrt{3}\varepsilon_3 = -2/\sqrt{3}\ln\frac{H}{h} = -1.155\ln\frac{H}{h} \tag{24-5}$$

在实验过程中，即使润滑良好，也有轻微摩擦的影响，取摩擦系数 $f = 0.02 \sim 0.04$，用全滑动条件下应力状态影响系数 n'_σ 对 K 值进行修正：

$$n'_\sigma = \frac{\bar{p}}{K} = \frac{e^x - 1}{x} \qquad K = \frac{\bar{p}x}{e^x - 1} \tag{24-6}$$

式中　K——平面变形抗力；

$\bar{p}$——平均单位压力；

h——试料压缩后的厚度；

x——$x = \dfrac{fl}{h}$；

f——摩擦系数。

三、实验设备及材料

（1）100kN 电子万能实验机；

（2）平面变形抗力压缩装置、游标卡尺；

（3）铝板、润滑油、酒精。

四、实验方法及步骤

安装好平面变形抗力压缩装置，取锤头宽度 $l = 6\text{mm}$，检查铝试板表面质量，用酒精棉团擦洗干净，测量试板压缩前的平均厚度 H，涂上润滑剂进行压缩，压

缩变形程度分别取 5%、10%、20%、40%，测量压缩后试板的平均厚度 h，记录每次变形结束时的载荷 p，并计算压缩面积 F、修正后的平面变形抗力 K 值、变形程度 ε，记入表 24-1 中。

表 24-1　实验数据表

数据　　变形程度 ε/%	5	10	20	40
H/mm				
h/mm				
p/kN				
F/mm^2				
K/MPa				
ε_e/%				

五、实验报告要求

（1）绘制 K-ε 曲线，并分析变化规律；

（2）分析实验过程中可能产生的误差；

（3）根据实验结果，简述影响平面变形抗力的因素。

实验 25　圆环镦粗法测定金属材料的摩擦系数

一、实验目的

（1）熟悉利用圆环镦粗法测定金属材料在塑性变形时摩擦系数的方法；

（2）了解摩擦系数理论校准曲线的绘制方法和过程；

（3）观察圆环镦粗的内、外孔的变形规律；

（4）认识变形与摩擦及润滑的关系。

二、实验原理

在塑性加工中，被加工金属与工、模具之间都有相对运动或相对运动的趋势，因而在接触表面便产生阻止切向运动的阻力，即摩擦力。它是高压下产生的摩擦，而且多在高温下进行，情况复杂。

摩擦系数通常是指接触面上的平均摩擦系数。为了正确计算金属材料在塑性变形时的变形力，必须测定摩擦系数，或者根据具体变形条件、润滑条件合理选用由实验测定出的摩擦系数值。

（一）摩擦系数测定准则

根据库仑定律，摩擦系数 μ 可表示为

$$\mu = \frac{\tau}{\sigma_N} \tag{25-1}$$

式中　τ——接触表面上的摩擦切应力；

σ_N——接触表面上的法向（正）应力。

在金属塑性成型时，$\tau = K$，$S = \sigma_N$，则分别由 Tresca 屈服准则和 Mises 屈服准则可得 $\mu_{max} = 0.5 \sim 0.577$。当 $\tau < K$ 时，摩擦切应力的变化规律的两种假设——库仑摩擦条件和常摩擦力条件，可表示为

$$\tau = \mu'S \tag{25-2}$$

式中　S——流动应力；

μ'——（换算）摩擦系数，它与摩擦因子 m 的关系是

$$\mu' = \frac{m}{2}（\text{Tresca 屈服准则}） \tag{25-3}$$

$$\mu' = \frac{m}{\sqrt{3}}(\text{Mises 屈服准则}) \tag{25-4}$$

式中　m——摩擦因子，是随变形条件而变的常数。

（二）摩擦系数的测定

目前常用的摩擦系数的测定方法有：

（1）直接测定法，即直接测出正应力和切应力，从而确定摩擦系数，如夹钳-轧制法等；

（2）间接测定法，即根据摩擦系数对金属中性层位置的影响测定摩擦系数，如圆环镦粗法、楔块镦粗法等。

本实验项目采用圆环镦粗法测定金属材料在塑性变形时的摩擦系数。

在平砧间镦粗圆环试件时，由于试件与砧面间摩擦状况不同，即摩擦系数不同，圆环试件的变形情况不同，其内径、外径在镦粗后也将有不同的变化。摩擦系数很小时，镦粗后圆环的内径、外径都要增大（图25-1b），随着摩擦系数的增加，镦粗试件的变形特征逐渐发生变化，当摩擦系数超过某一临界值（$m_c = 0.05 \sim 0.06$），在圆环中出现一个半径为 R_n 的中性层：该层以外的金属向外流动，以内的金属向中心流动，使得圆环的外径增大，内径减小（图25-1c）。

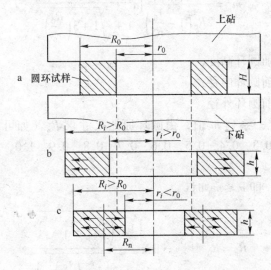

图 25-1　圆环镦粗的变形情况

a—镦粗前圆环试样；b—$m < m_c$；c—$m > m_c$

实验和研究表明，中性层半径 R_n 与摩擦因子 m 有关，因此根据中性层半径 R_n 和圆环尺寸可以确定摩擦因子 m 值。虽然中性层半径无法直接测量，由于镦粗后的圆环内径变化与中性层半径 R_n 有关，所以也可以由测量内径确定摩擦系数。

通常是利用塑性理论对圆环变形进行分析，在理论上推导出中性层半径 R_n、摩擦因子 m 与圆环尺寸的理论关系，求出给定一个 m 时在连续的较小的压缩量下与圆环内径变化的对应关系，进而由此可做出不同摩擦系数条件下，内径随压缩量而变化的一系列曲线——摩擦系数理论校准曲线。直接根据每次镦粗后圆环的内径、高度查出试件在这种变形条件下的摩擦因子 m 并求得摩擦系数 μ 值。

（三）摩擦系数标定曲线的绘制

根据功平衡法（即能量法），并做如下假设：金属材料服从 Mises 屈服准则，接触面上的摩擦切应力符合常摩擦力条件，均匀变形，变形前后体积不变，而且不考虑形状硬化等情况。

由于摩擦系数和中性层半径 R_n 在镦粗过程中都在变化，因此采用等小变形法绘制理论曲线。

（1）根据圆环原始尺寸求摩擦因子的临界值 m_c（此时 $R_n = r_0$）：

$$m_c = \frac{H}{2R_0\left(1 - \frac{r_0}{R_0}\right)}\ln\frac{3\left(\frac{R_0}{r_0}\right)^2}{1 + \sqrt{1 + 3\left(\frac{R_0}{r_0}\right)^4}} \tag{25-5}$$

式中　H——镦粗前圆环高度；
　　　r_0——镦粗前圆环内径；
　　　R_0——镦粗前圆环外径。

（2）预先给定一系列 m 值，由圆环原始尺寸求 R_n（如可以分别令 $m = 0$，0.05，0.1，0.2，0.3，0.4，0.5，0.6，0.7，0.8，0.9，1.0，各求出一组镦粗后的圆环尺寸）。

1）当 $R_n \leqslant r_0$，即 $m \leqslant m_c$ 时，

$$R_n = R_0\sqrt{\frac{3}{2}\frac{\left[1 - \left(\frac{r_0}{R_0}\right)^4 x^2\right]}{\sqrt{x(x-1)\left[1 - \left(\frac{r_0}{R_0}\right)^4 x\right]}}} \tag{25-6}$$

式中，$x = \left\{\frac{R_0}{r_0}\exp\left[-m\left(\frac{R_0}{H}\right)\left(1 - \frac{r_0}{R_0}\right)\right]\right\}^2$。

注意：若在 $m < m_c$ 时，求出的 R_n 满足 $R_n > r_0$ 和式（25-6），则改用式（25-7）计算 R_n。

$$m\frac{R_0}{H} \geq \frac{1}{2\left(1-\frac{r_0}{R_0}\right)}\ln\frac{3\left(\frac{R_0}{r_0}\right)^2}{1+\sqrt{1+3\left(\frac{R_0}{r_0}\right)^4}} \qquad (25\text{-}7)$$

2）当 $r_0 < R_n < R_0$，即 $m > m_c$ 时，

$$R_n \approx \frac{2\sqrt{3}mR_0^2}{H\left(\frac{R_0^2}{r_0^2}-1\right)}\left\{\sqrt{1+\frac{\left(1+\frac{r_0}{R_0}\right)\left[\left(\frac{R_0}{r_0}\right)^2-1\right]H}{2\sqrt{3}mR_0}}-1\right\} \qquad (25\text{-}8)$$

（3）设圆环在小变形（$\Delta h = 1\text{mm}$）下 R_n 保持不变，利用体积不变条件求变形后圆环的内径 r_1、外径 R_1：

$$r_1 = \sqrt{\frac{R_n^2 h - (R_n^2 - r_0^2)H}{h}} \qquad (25\text{-}9)$$

$$R_1 = \sqrt{\frac{H}{h}(R_0^2 - r_0^2) + r_1^2} \qquad (25\text{-}10)$$

式中 h——圆环镦粗后的高度，$h = H - \Delta h$。

（4）将第一次小变形后的 r_1、R_1 和 h 作为第二次等小变形前的原始尺寸 r_0、R_0 和 H，重复步骤（1）~（3）计算出第二次等小变形后的圆环尺寸，如此反复连续计算，直到压缩量为原始高度的 50% 为止，就得出一组 m、h、r_0 对应关系。

（5）根据求出的 h 和 r_0，就可绘制出一条这一 m 值下的理论曲线。

（6）重复上述过程，就可绘制出这一尺寸圆环的镦粗理论校准曲线。

图 25-2 所示为圆环尺寸为外径×内径×高度 $=40\text{mm} \times 20\text{mm} \times 10\text{mm}$ 的圆环镦粗理论曲线，它也适用于外径：内径：高度 $=4:2:1$ 的试件。

另外，为了减轻繁杂的计算，可以编写程序，利用计算机进行辅助计算。

（四）选用理论校准曲线确定 m 值

选用理论校准曲线确定 m 值时应注意试件尺寸与计算用的尺寸是否相同。

（1）对于外径：内径：高度比值相等的试件，可选用 $\Delta d_i - \Delta h$ 坐标系求 m。

当试件尺寸与绘制理论曲线用的试件尺寸完全相同时，也可选用 $d_i - h$ 坐标系，采用插值法直接测定 m。

（2）对于外径、内径相同而高度不同的试件，可选用 $\Delta d_i - \Delta h$ 坐标系，将测定的 m' 做以下换算即得

$$m = m'\frac{H_2}{H_1} \qquad (25\text{-}11)$$

式中 H_1——绘制理论曲线用的圆环高度；

H_2——实验用的圆环高度。

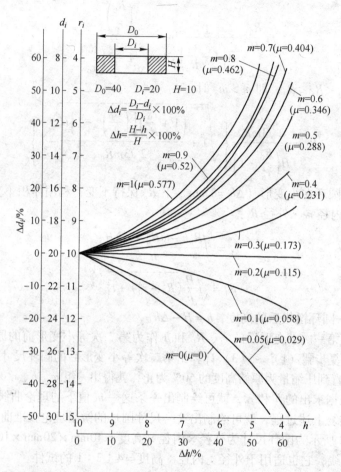

图 25-2　40mm×20mm×10mm 圆环镦粗时的理论校准曲线

三、实验设备及材料

（1）微机控制材料试验机；

（2）游标卡尺、平垫板等；

（3）润滑剂：机油；

（4）LD5 试件两个：外径 =40mm，内径 =20mm，高度 =10mm。

四、实验方法及步骤

（1）精确测量试件原始尺寸。

（2）采用机油润滑，把试样两个端面均匀地涂上一层机油后置于垫板中心。

（3）进行镦粗实验：每次压缩 $1 \sim 2mm$，直至压缩量达到试件原始高度的 50%，即 $h = 5mm$ 为止。

（4）测量每次压缩后圆环高度及圆环上、中、下三处的内径并求出平均值。

（5）擦净工作面，换上另一试件，不用任何润滑剂，重复上述实验。

（6）整理数据，查图并计算摩擦系数 μ，比较两组实验效果。

（7）将加压参考数据列入表 25-1 中。

表 25-1　加压数据表

加 压 次 数	内径/mm	压后高度/mm
0		
1		
2		
3		
4		
5		

五、实验报告要求

（1）写明实验的目的、原理、设备以及实验步骤；

（2）正确处理数据；

（3）分析实验结果和影响测定值精度的因素；

（4）编制计算机程序，绘制图 25-2 圆环镦粗时的理论校准曲线（可选做）。

实验 26　综合热分析实验

一、实验目的

（1）了解 STA449C 综合热分析仪的原理及结构；

（2）学习使用 TG – DTA 和 TG – DSC 综合热分析方法。

二、实验原理

由于材料在加热或冷却过程中，会发生一些物理化学反应，同时产生热效应和质量等方面的变化，这是热分析技术的基础。

热重分析方法分为静法和动法。热重分析仪有热天平式和弹簧式两种基本类型。本实验采用的是热天平式动法热重分析。

当试样在热处理过程中，随温度变化有水分的排除或热分解等反应时放出气体，则在热天平上产生失重；当试样在热处理过程中，随温度变化有 Fe^{2+} 氧化成 Fe^{3+} 等氧化反应时，则在热天平上表现出增重。

示差扫描量热法（DSC）分为功率补偿式和热流式两种方法。前者的技术思想是，通过功率补偿使试样和参比物的温度处于动态的零位平衡状态；后者的技术思想是，要求试样和参比物的温度差与传输到试样和参比物间的热流差成正比关系。本实验采用的是热流式示差扫描量热法。

采用如图 26-1 所示的可更换的不同测试样品支架，由电脑程序软件执行操作，来实现差热分析（DTA）和示差扫描量热分析。首先在确定的程序温度下，对样品坩埚和参比坩埚进行 DTA 或 DSC 空运行分析，得到两个空坩埚的 DTA 或 DSC 的分析结果——形成 Baseline 分析文件；然后在样品坩埚中加入适量的样品，再在 Baseline 文件的基础上进行样品测试，得到样品 + 坩埚的测试文件；最后由测试文件中扣除 Baseline 文件，即得到纯粹样品的 DTA 或 DSC 分析结果。

三、实验设备及材料

（1）德国耐驰生产的 STA449C 综合热分析仪 1 台，如图 26-2 所示；

（2）DTA 和 DSC 样品支架各 1 个；

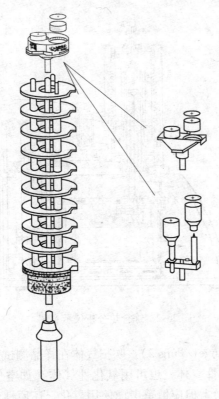

图 26-1 样品支架

（3）电脑 1 台；

（4）彩色激光打印机 1 台；

（5）TG – DSC 样品支架与 TG – DTA 样品支架。

四、实验方法及步骤

（一）操作条件

（1）实验室门应轻开轻关，尽量避免或减少人员走动。

（2）计算机在仪器测试时，不能上网或运行系统资源占用较大的程序。

（3）保护气体（Protective）。保护气体是用于在操作过程中对仪器及其天平进行保护，以防止受到样品在测试温度下所产生的毒性及腐蚀性气体的侵害。Ar、N_2、He 等情性气体均可用作保护气体。保护气体输出压力应调整为 0.05MPa，流速不超过 30mL/min，一般设定为 15mL/min。开机后，保护气体开关应始终为打开状态。

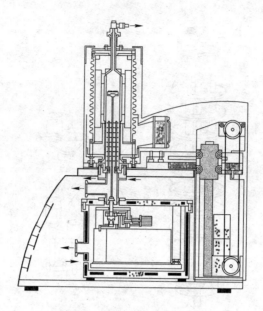

图 26-2　综合热分析仪示意图

（4）吹扫气体（Purge1/Purge2）。吹扫气体在样品测试过程中，用作气氛气或反应气。一般采用惰性气体，也可用氧化性气体（如空气、氧气等）或还原性气体（如 CO、H_2 等）。但应慎重考虑使用氧化、还原性气体作气氛气，特别是还原性气体，会缩短样品支架热电偶的使用寿命，还会腐蚀仪器上的零部件。吹扫气体输出压力应调整为 0.05MPa，流速不超过 100mL/min，一般情况下为20mL/min。

（5）恒温水浴。恒温水浴是用来保证测量天平工作在一个恒定的温度下。一般情况下，恒温水浴的水温调整为至少比室温高出 2℃。

（6）真空泵。为了保证样品测试中不被氧化或与空气中的某种气体进行反应，需要真空泵对测量管腔进行反复抽真空并用惰性气体置换。一般置换 2 ~ 3次即可。

（二）样品准备

（1）检查并保证测试样品及分解物绝对不能与测量坩埚、支架、热电偶或吹扫气体发生反应。

（2）为了保证测量精度，测量所用的坩埚（包括参比坩埚）必须预先热处理到等于或高于其最高测量温度。

（3）测试样品为粉末状、颗粒状、片状、块状固体、液体均可，但需保证与测量坩埚底部接触良好，样品应适量（如：在坩埚中放置 1/3 厚或 15mg 重），以便减小在测试中样品温度梯度，确保测量精度。

（4）对于热反应剧烈或在反应过程中易产生气泡的样品，应适当减少样品量。除测试要求外，测量坩埚应加盖，以防反应物因反应剧烈溅出而污染仪器。

（5）用仪器内部天平进行称样时，炉子内部温度必须保持恒定（室温），天平稳定后的读数才有效。

（6）测试必须保证样品温度（达到室温）及天平均稳定后才能开始。

（三）开机

（1）开机过程无先后顺序。为保证仪器稳定精确的测试，STA449C 的天平主机应一直处于带电开机状态，除长期不使用外，应避免频繁开机和关机。恒温水浴及其他仪器应至少提前 1h 打开。

（2）开机后，首先调整保护气及吹扫气体输出压力及流速并待其稳定。

（四）样品测试程序

以使用 TG - DSC 样品支架进行测试为例，使用 TG - DTA 样品支架的操作除注明外均相同；升温速度除特殊要求外一般为 10 ~ 30K/min。

（1）Sample 测试模式：该模式无基线校正功能。

1）进入测试运行程序。选 File 菜单中的 New 进入编程文件。

2）选择 Sample 测量模式，输入识别号、样品名称并称重。点 Continue。

3）选择标准温度校正文件（20011113. tsu），然后打开。

4）选择标准灵敏度校正文件（20011113. esu），然后打开。当使用 TG - DTA 样品支架进行测试时，选择 Senszero. exx 然后打开。此时进入温度控制编程程序。仪器开始测量，直到完成。

（2）Correction 测试模式：该模式主要用于基线测量。为保证测试的精确性，一般来说样品测试应使用基线。

1）进入测量运行程序。选 File 菜单中的 New 进入编程文件。

2）选择 Correction 测量模式，输入识别号，样品名称可输入为空（Empty），不需称重。点 Continue。

3）选择标准温度校正文件（20011113. tsu），然后打开。

4）选择标准灵敏度校正文件（20011113. esu），然后打开。

5）此时进入温度控制编程程序。

6）仪器开始测量，直到完成。

（3）Sample + Correction 测试模式：该模式主要用于样品的测量。

1）进入测试运行程序。选 File 菜单中的 Open 打开所需的测试基线进入编程文件。

2）选择 Sample + Correction 测量模式，输入识别号、样品名称并称重。点 Continue。

利用仪器内部天平进行样品称重步骤如下：

① 点击 Weigh 进入称重窗口，待 TG 稳定后点击 Tare。

② 称重窗口中的 Crucible Mass 栏中变为 0.000mg，且应稳定不变，否则应点击 Repeat 后再重新点击 Tare。

③ 再点击一次 Tare，称重窗口中的 Sample Mass 栏变为 0.000mg。

④ 把炉子打开，取出样品坩埚装入待测试样品。

⑤ 将样品坩埚放入样品支架上，关闭炉子。

⑥ 称重窗口中的 Sample Mass 栏中，将显示样品的实际质量。

⑦ 待质量值稳定后，按 Store 将样品质量存入。

⑧ 点击 OK 退出称重窗口。

3）选择标准温度校正文件（20011113.tsu）。

4）选择标准灵敏度校正文件（20011113.esu）。当使用 TG – DTA 样品支架进行测试时，选择 Senszero 然后打开。

5）选择或进入温度控制编程程序（即基线的升温程序）。应注意的是：样品测试的起始温度及各升降温、恒温程序段完全相同，但最终结束温度可以等于或低于基线的结束温度（即只能改变程序最终温度）。

6）仪器开始测试，直到完成。

五、实验报告要求

（1）简述实验目的与实验原理；

（2）根据实验结果绘制出所测样品试样的 DTA 或 DSC 曲线并定出相变温度。

实验 27　金属材料线膨胀系数的测定

一、实验目的

（1）了解膨胀仪的结构及测量原理；
（2）测定钢的相变临界温度。

二、实验原理

线膨胀系数，其意义是温度升高 1℃ 时单位长度上所增加的长度。假设物体原来的长度为 L_0，温度升高后长度的增加量为 ΔL，则

$$\Delta L / L_0 = \alpha \Delta T \qquad (27\text{-}1)$$

式中，α 为线膨胀系数。

线膨胀系数实际上并不是一个恒定的值，而是随着温度的变化而变化，所以上述线膨胀系数都是在一定温度范围 ΔT 内的平均值的概念。

金属在加热或者冷却时，尤其是在相变时，其体积将发生变化。当体积发生变化时，在任何方向上金属的长度均将发生变化。膨胀分析就是基于测量金属在温度改变时或者相变时长度的变化，来研究金属内部的各种转变。所以用膨胀分析可以测量金属在加热与冷却过程中的临界点，以及金属的线膨胀系数等。

对钢而言，奥氏体的相对密度较珠光体、铁素体以及马氏体的相对密度大。取一含碳量低于 0.77% 的亚共析钢加热，并不断地测出试样在各个温度下的伸长量，则可以看到，从室温加热到 A_{c_1}，试样将随温度的升高不断地伸长，这时为纯热膨胀。到 A_{c_1} 后，珠光体在此温度下转变为奥氏体。由于奥氏体相对密度较大，致使长度减小。故在伸长 – 温度曲线上出现了一个转折点。在珠光体全部转变为奥氏体之后，试样温度又继续升高。在此过程中，随着温度的升高，铁素体不断转变为奥氏体而使试样的长度缩短，但同时由于升温的影响，奥氏体以及尚未转变的铁素体的体积均将随温度上升而增大，故此时试样的伸长实际上为两者之差。当温度达到 A_{c_3} 时，所有的铁素体均已转变为奥氏体。此时如果继续升温，则试样体积的增加仅由奥氏体的膨胀所引起，故试样的长度又以较快的速度随温度的升高不断地增长。图 27-1 为钢的膨胀曲线示意图，从曲线上可以明显地确定出钢的两个临界点 A_{c_1} 和 A_{c_3}。我们选取向上的峰值点和向下的峰值点 a'、b' 作

为 A_{c_1}、A_{c_3}。

在冷却过程中，可以得到相似的曲线。但由于过热或过冷的原因，冷却时所得的曲线与加热时所得的曲线并不重合。根据冷却过程中所得的曲线，我们选向上的峰值点和向下的峰值点 d'、c' 作为 A_{r_1}、A_{r_3}。

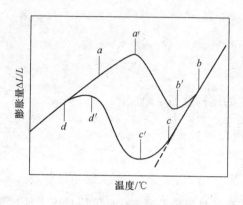

图 27-1　钢的膨胀曲线示意图

本实验所用热膨胀仪中的位移传感器是依据差动变压器原理。加载传感装置中的测试杆，一端顶着试样，一端连着位移传感器的铁芯。试样的另一端顶在固定的试样管壁上。因而试样在此端的自由度被限制了，所以试样的膨胀将引起位移传感器的铁芯相应的位移。铁芯的位移引起差动变压器次级线圈电感的变化，故有信号电压输出，此信号电压与试样伸长呈线性关系。将此信号经放大输入位移智能仪表、温度信号输入温度智能仪表，便可得到试样的膨胀曲线。仪器的控制、操作、实验数据处理，均使用微机。

三、实验设备及材料

（1）材料热膨胀系数测试仪；

（2）45 钢。

四、实验方法及步骤

（1）试样的准备。

1）取无缺陷材料作为测定线膨胀系数的试样。

2）试样尺寸依仪器的要求而定。

3）把试样两端磨平，用千分卡尺精确量出长度。

（2）测试步骤。

　　1）将基座安放水平，调整炉膛的位置，使炉膛与试样管相对运动自如，防止相互擦、碰。调整炉膛时要缓慢，以防损坏炉膛和试样。将炉膛固定在小车上，再调整定位脚在导轨上的位置，使小车靠住定位脚，固紧定位脚。这样能保证测试时试样处于炉膛均温区中。

　　2）当测试杆和试样接触后位移显示不指示零位，可以通过调节调零旋钮，使位移显示"2000"位。计算机可以自动记录零点位移，作为起始位移，参与运算。

　　3）检查各部分的连线，以及智能仪表设置是否正常，实验的基本要求，各参数测试要求，测试工艺要求等。

　　4）打开电源，检查智能表518P基本参数的设置，连接计算机使计算机系统处于程序运行用户界面，按操作要求步骤进行。

　　5）升温速度不宜过快，以5℃/min为宜，并使整个测试过程均匀升温。

五、实验报告要求

（1）简述热膨胀仪的构造及测试原理；

（2）绘出被测材料的线膨胀曲线，由此曲线确定试样的相变临界温度；

（3）计算试样在50～250℃间的平均线膨胀系数；

（4）对测量结果进行误差分析。

实验 28　磁性材料的直流磁特性测试

一、实验目的

（1）掌握利用软磁材料直流测量装置进行磁性能测试实验的工作原理与基本操作；

（2）观察软磁材料在直流（静态）条件下的磁化曲线和磁滞回线，了解软磁材料的静态磁化过程及机理；

（3）掌握起始磁导率 μ_i、最大磁导率 μ_m、饱和磁感应强度 B_s、剩磁 B_r、矫顽力 H_c 和磁滞损耗 P_u 等软磁材料的静态磁特性参数及其物理意义。

二、实验原理

软磁直流测量装置依据 GB/T 13012—2008，采用冲击法的测量原理，采用计算机控制技术和 A/D、D/A 相结合，以电子积分器取代传统的冲击检流计，实现微机控制下的模拟冲击法测量，不仅可以完全消除经典冲击法中因使用冲击检流计所带来的非瞬时性误差，而且测量精度高、速度快、重复性好、可消除各种人为因素的影响，为研究材料磁化过程机理提供可靠的依据。其原理框架如图28-1 所示。

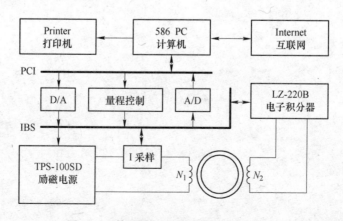

图 28-1　软磁材料直流测量装置原理框架

三、实验设备及材料

（1）软磁材料直流测量装置 1 套；

（2）测试样品为软磁材料标准环形样品；

（3）铜漆包线粗细各 1 根；

（4）游标卡尺，砂纸，手套等。

四、实验方法及步骤

（1）本实验课开始前，由实验老师准备测试实验所用的工具和标准试样。

（2）检查设备，了解设备使用方法。

（3）测量软磁材料标准环形样品的内外径、厚度，用测试专用软件计算其磁芯有效参数：磁芯常数、有效面积、有效长度、有效体积。

（4）使用粗细不同的铜漆包线分别对样品进行线圈缠绕，记录缠绕的匝数（N_1 为励磁线圈，一般为 100 匝左右；N_2 为测量线圈，一般为 10~15 匝）。

（5）将励磁线圈和测量线圈漆包线的头部用砂纸打磨，露出铜线 2~3cm，保证导电性。

（6）分别将励磁线圈 N_1 和测量线圈 N_2 连接在软磁材料直流测量装置相应的接口位置上，为了获得起始测量状态，测试前要先对样品加退磁电流进行退磁，使其 $H=0$，$B=0$。

（7）退磁后的样品可以进行磁化曲线和磁滞回线的测量，输入样品的磁性参数，设置测试磁场，点击测试装置专用软件的相应工具进行测量，观察软磁材料的磁化过程，软磁材料的磁化曲线和磁滞回线测量结果如图 28-2、图 28-3 所示。

（8）测试完成后保存磁化曲线和磁滞回线数据，待样品温度降到室温后对样品进行退磁，复测一次，同样保存数据。

（9）改变测试磁场，观察不同测试磁场下软磁材料的静态磁性能参数变化。

（10）对各实验进行比较和实验结果的汇总，理解起始磁导率 μ_i、最大磁导率 μ_m、饱和磁感应强度 B_s、剩磁 B_r、矫顽力 H_c 等软磁材料静态磁特性参数的物理意义。

（11）关闭实验设备，整理实验台，擦拭机器，收回测量样品。

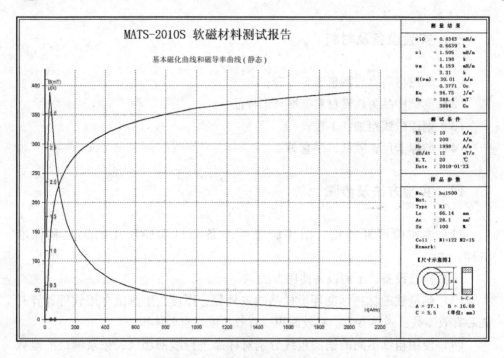

图 28-2   软磁材料磁化曲线测试报告图

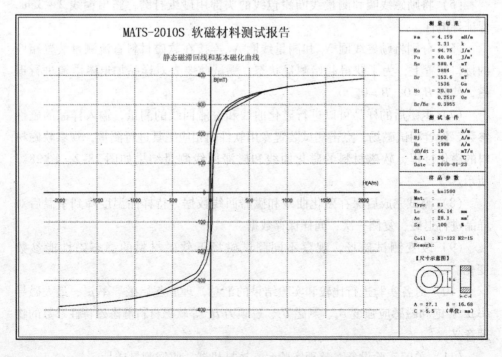

图 28-3   软磁材料磁滞回线测试报告图

五、实验报告要求

（1）给出 H_c、B_s、B_r 的实验结果，列于表 28-1 中。

表 28-1　H_c、B_s、B_r 的测量数据

名　　称	坐标（格数）		坐标平均值（格数）	对应的电压值/V	实验值（单位）
	>0	<0			
矫顽力 H_c					
饱和磁感强度 B_s					
剩磁 B_r					

（2）如果测量前没有将材料退磁，会出现什么情况。

（3）用磁路不闭合的样品进行测量会导致什么结果。

（4）测量时磁场 H 是正弦变化的，磁感应强度 B 是否按正弦规律变化？反之，若磁感应强度 B 是正弦变化的，磁场 H 是否也按正弦规律变化？

第四部分

材料制备与塑性成型实验

实验 29 铝合金熔炼与铸锭实践

一、实验目的

（1）熟悉铝合金配料及计算方法；

（2）掌握铝合金熔炼与铸锭工艺的操作方法。

二、实验原理

熔炼是使金属合金化的一种方法，它是采用加热的方式改变金属物态，使基体金属和合金化组元按要求的配比熔制成成分均匀的熔体，并使其满足内部纯洁度、铸造温度和其他特定条件的一种工艺过程。熔体质量对铝材的加工性能和最终使用性能会产生决定性的影响，如果熔体质量先天不足，将给制品的使用带来潜在危险。因此，熔炼是对加工制品质量起支配作用的一道关键工序。

铸造是一种使液态金属冷凝成型的方法，它是将符合铸造的液态金属通过一系列浇铸工具浇入具有一定形状的铸模（结晶器）中，使液态金属在重力场或外力场（如电磁力、离心力、振动惯性力、压力等）的作用下充满铸模型腔，冷却并凝固成具有铸模型腔形状的铸锭或铸件的工艺过程。

三、实验设备及材料

（1）箱式电阻炉、浇铸模；

（2）天平、石墨坩埚、扒渣棒、抱钳等；

（3）纯铝，纯镁，铝铜中间合金（Al-50Cu）、铝锰中间合金（Al-10Mn）；

（4）40% KCl+40% NaCl+20% 冰晶石（Na_3AlF_6）、六氯乙烷 C_2Cl_6。

四、实验方法及步骤

（一）铝合金的熔炼与铸锭工艺流程

铝合金的熔炼与浇铸工艺流程如图 29-1 所示。

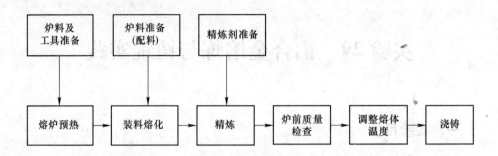

图 29-1　铝合金的熔炼与浇铸工艺流程

（1）备料：按照 2024 铝合金（Al-4.4Cu-1.5Mg-0.6Mn）的质量分数，用天平称好炉料（按每炉 1kg 计算）；

（2）装料：先将铝锭加入电阻炉的坩埚中，待铝锭熔化后再加入中间合金，最后加入镁锭，每次添加合金之后加入覆盖剂；

（3）升温：调控电阻炉温控仪表，控制温度到 750~760℃；

（4）调温：调温到 720~730℃，主要是为浇铸做准备，熔体温度太低，流动性不佳，不易充满模子，而熔体温度太高，易氧化和形成粗大晶粒；

（5）浇铸：将熔体倒入预先准备的模子中，待完全凝固后，再脱模；

（6）脱模：取出铸件，注意要戴手套。

（二）熔炼工艺参数及规程

1. 熔炼温度

熔炼温度越高，合金化程度越完全，但熔体氧化吸氢倾向越大，铸锭形成粗晶组织和裂纹的倾向性越大。通常，铝合金的熔炼温度都控制在合金液相线温度以上 50~100℃ 的范围内。从图 29-2 的 Al-Cu 相图可知，Al-4.4% Cu 的液相线温度为 660~670℃，因此，它的熔炼温度应定在 710(720)~760(770)℃ 之间。浇铸温度为 730℃ 左右。

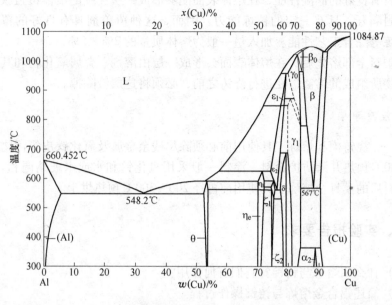

图 29-2　Al-Cu 二元相图

2. 熔炼时间

熔炼时间是指从装炉升温开始到熔体出炉为止，炉料以固态和液态形式停留于熔炉中的总时间。熔炼时间越长，则熔炉生产率越低，炉料氧化吸气程度越严重，铸锭形成粗晶组织和裂纹的倾向性越大。精炼后的熔体，在炉中停留越久，则熔体重新污染，成分发生变化，变形处理失效的可能性越大。因此，作为一条总原则，在保证完成一系列工艺操作所必需的时间前提下，应尽量缩短熔炼时间。

3. 合金化元素的加入方式

铜元素以铝铜中间合金的方式加入，锰元素以铝锰中间合金的方式加入，镁元素由于熔点低，易氧化烧损且在铝中溶解度大，制成中间合金反而多了烧损，因此以纯金属的方式直接加入。

4. 注意覆盖、精炼操作，减少吸气倾向

铝在高温熔融状态，极易形成 Al_2O_3 氧化膜，因此要对铝熔体进行保护。就铝铜合金而言，所用覆盖剂为：40% KCl + 40% NaCl + 20% 冰晶石（Na_3AlF_6）的粉状物。它的密度约为 $2.3g/cm^3$，熔点约为 $670℃$，该覆盖剂不仅能防止熔体氧化和吸氢，同时还具有排氢效果。这是因为它的熔点比熔体温度低，密度比熔体

小，还具有良好的润湿性能，在熔体表面能够形成一层连续的液体覆盖膜，将熔体和炉料隔开，具有一定的精炼能力，因而，这种覆盖剂具有良好的覆盖、分离、精炼等综合工艺性能。加入量一般为熔体质量的 2% ~ 5% 。

当炉料全部熔化后，在熔体表面会形成一层由溶剂、金属氧化物和其他非金属夹杂物所组成的熔渣。在进行浇铸之前，必须将这层渣除掉。

5. 注意事项

第一，浇铸模和熔炼工具使用前必须除尽残余金属及氧化铁皮等污物，经过 200 ~ 300℃ 预热并涂防护涂料。涂料一般采用氧化锌和水或水玻璃调和。第二，涂完涂料后的模具及熔炼工具使用前再经 200 ~ 300℃ 预热烘干。

五、实验报告要求

（1）什么叫熔炼与铸锭？它们有何作用？
（2）简述铝合金熔炼与铸锭操作过程。
（3）分析讨论铝合金熔炼过程中除气、除渣的作用及注意事项。

实验30　浇铸和凝固条件对铸锭组织的影响

一、实验目的

（1）研究金属铸锭的正常凝固组织；
（2）讨论浇铸和凝固条件对铸锭组织的影响。

二、实验原理

金属铸锭（件）的组织一般分为三个区域（图30-1）：最外层的细等轴晶区、中间的柱状晶区和心部的粗等轴晶区。最外层的细等轴晶区由于厚度太薄，对铸锭（件）的性能影响不大；铸锭中间柱状晶区和心部的粗等轴晶区在生产上有较重要的意义，因此人为控制和改变这两个区域的相对厚度，使之有利于实际产品，具有十分重要的意义。

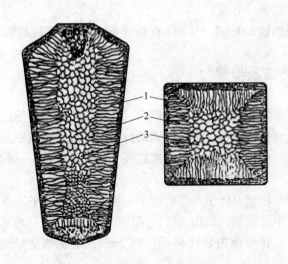

图30-1　金属铸锭的典型宏观组织

1—细等轴晶粒区；2—柱状晶粒区；3—粗大等轴晶粒区

研究表明，铸锭（件）的组织（晶区的数目、相对厚度、晶粒形状的大小等）除与金属材料的性质有关外，还受浇铸和凝固条件的影响。因此当给定某种金属材料时，可改变铸锭（件）的浇铸凝固条件来改变三个晶区的大小和晶粒的粗细，从而获得不同的性能。

　　本实验通过对不同的锭模材料、模壁厚度、模壁温度、浇铸温度及变质处理等方法浇铸成的铝锭的宏观组织的观察，对铸锭（件）的组织形成和影响因素进行初步探讨（表30-1）。

表30-1　浇铸和凝固条件

试样号	浇铸温度/℃	铸　　型	变质处理
1	700	室温沙模（壁厚10mm）	否
2	700	室温铸铁模（壁厚10mm）	否
3	700	室温铸铁模（壁厚3mm）	否
4	700	500℃预热铸铁模（壁厚10mm）	否
5	800	室温铸铁模（壁厚10mm）	否
6	700	室温铸铁模（壁厚10mm）	是

三、实验设备及材料

（1）箱式电阻炉、热电偶温度计、石墨坩埚、钢模、干沙模；

（2）手钳、锯锉、砂纸；

（3）工业纯铝锭、0.2%~0.3%Ti粉（变质剂）、侵蚀剂等。

四、实验方法及步骤

（1）将熔融的液态金属铝锭铸入模内，一组浇铸一个铸锭。

（2）冷却后将铝锭取出，分别在两端打上记号，以便识别。

（3）将铝锭用虎钳夹住，一个距离锭底25mm处锯开，一个沿纵轴锯开，锯时防止偏斜。

（4）锯开断面用锉刀锉平，然后用不同粒度的砂纸磨平。

（5）磨好后不必抛光，即用水洗，再用酒精洗净吹干。将磨面侵入1∶1的硝酸盐酸溶液中，在溶液内来回移动，约2min，组织清楚显现后，取出洗净，吹干。

（6）观察、分析比较各种凝固条件下的剖面组织，画出粗晶组织示意图。

　　实验注意事项：

（1）浇铸时注意安全，防止烫伤。熔化金属的坩埚内浮有溶渣时，浇铸时须用铁板挡住；液体金属注入模子时需连续，不能断续或停歇。

（2）向铝液中加变质剂时，首先，待金属熔化并达到浇铸温度后，将表面的渣拨开，放入少量变质剂，搅动，然后再待温度升至浇铸温度即可浇铸。

（3）侵蚀样品时，注意防止侵蚀剂溅到身上。

五、实验报告要求

（1）画出六种铸锭的横截面粗晶组织示意图，注明浇铸条件；

（2）比较各个铸锭的柱状晶区和粗等轴晶区的相对面积和晶粒大小，分析原因，说明模壁材料、模子预热温度、浇铸温度、变质处理对铸锭组织的影响。

实验 31　最大咬入角及摩擦系数测定

一、实验目的

（1）采用实验方法测定轧制时自然咬入阶段的最大允许咬入角 α_{max} 和稳定轧制时的最大咬入角 α'_{max}，并分析 α_{max} 和 α'_{max} 之间的关系；

（2）了解摩擦条件对咬入角的影响，并计算两种轧制条件下的摩擦系数；

（3）明确咬入条件对实现轧制过程的意义。

二、实验原理

轧制过程能否顺利建立，首先取决于轧件能否被旋转的轧辊咬入。轧件被轧辊自然咬入时，与轧辊最先接触点和轧辊中心连线所构成的圆心角，称为自然咬入角。生产实践表明，咬入条件对实现轧制过程具有十分重要的意义。因为咬入条件限制了轧制压下量。为了实现轧制过程，首先必须使轧辊咬入轧件而后过渡到稳定轧制阶段。

由图 31-1 咬入条件分析可以看出，轧件与轧辊接触面上存在方向相反且作用在同一条直线上的水平分力，T_x 为咬入力，P_x 为咬入阻力。当 $T_x > P_x$ 时，轧件实现自然咬入；当 $T_x < P_x$ 时，轧件不能咬入。

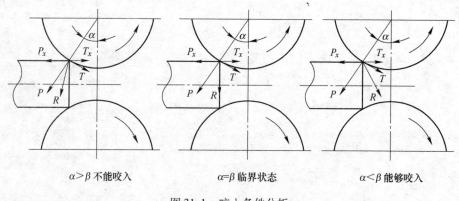

α>β 不能咬入　　　　α=β 临界状态　　　　α<β 能够咬入

图 31-1　咬入条件分析

在临界状态下，$T_x = P_x$，即

$$T\cos\alpha = P\sin\alpha \qquad (31\text{-}1)$$

可以写成：

$$\frac{T}{P} = \tan\alpha \qquad (31\text{-}2)$$

根据库仑定律，摩擦系数：$f = \dfrac{T}{P}$，所以：$f = \tan\beta = \tan\alpha$。

咬入角可以用下式计算：

$$\cos\alpha = 1 - \frac{H-h}{D} = 1 - \frac{\Delta h}{D} \qquad (31\text{-}3)$$

式中 α——咬入角，（°）；

     D——轧辊直径，mm；

     H——轧件轧前厚度，mm；

     h——轧件轧后厚度，mm；

     Δh——压下量，mm。

三、实验设备及材料

（1）$\phi130$ 轧机；

（2）游标卡尺；

（3）铅试样（图31-2）、棉纱、机油、白粉笔。

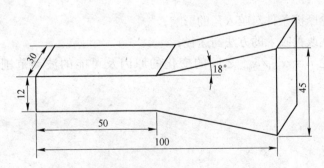

图31-2 铅试样形状及尺寸（单位：mm）

四、实验方法及步骤

（一）最大自然咬入角测定

将铅试样的左侧矩形端面修整平直，并测量其平均厚度值 H，记入表 31-1 中。

表 31-1　实验数据表

编号	材质	实验条件	H	h	Δh	$\cos\alpha_{max}$	α_{max}	H_1	Δh_1	$\cos\alpha'_{max}$	α'_{max}	f
1												
2												
3												

在三种不同轧辊摩擦条件下进行轧制实验，分别为一般状态、加润滑油、涂白粉笔。测定自然咬入阶段的最大咬入角，采取逐渐抬高辊缝的方法进行轧制，即将试样放在前导板上，用工具轻推试料，使其接触轧辊，如轧件不能咬入轧辊，则缓慢抬高上辊，直至轧件被咬入为止。轧制后测量试料轧制后的高度 h，记录在表 31-1 中，利用计算公式即可求出自然咬入阶段的最大咬入角 α_{max}。

（二）稳定轧制阶段的最大允许咬入角测定

轧件顺利咬入后，轧制厚度随着轧件的前进不断增加，当增加到一定厚度时，轧件被轧卡在轧辊之间，发生打滑现象，此时立即停车，抬高轧辊，取出轧件，测量入口处轧件高度 H_1，记录在表 31-1 中，利用计算公式即可求出稳定轧制阶段的最大咬入角 α'_{max}。

五、实验报告要求

（1）讨论摩擦条件对咬入角的影响；
（2）简述改善咬入的方法与途径；
（3）讨论 $n = \alpha'_{max}/\alpha_{max}$ 之间的变化的原因及可能的波动范围（$n = 1.5 \sim 1.9$）。

实验 32　影响前滑的因素及前滑值测定

一、实验目的

（1）通过实验验证轧制时前滑现象的存在；

（2）了解相关因素（摩擦条件、轧件厚度、压下量）对前滑的影响；

（3）掌握刻痕法测定前滑的方法。

二、实验原理

金属在轧制过程中，变形区内压缩的金属一部分沿纵向流动产生延伸，另一部分沿横向流动使轧件宽展。当轧件被咬入轧辊进行轧制时，轧件出口速度 v_h 大于轧辊的线速度 v_H 的现象称为前滑。在入口处轧件进入轧辊的速度 v_H 小于轧辊在该点处的线速度水平分量 $v\cos\alpha$，这种现象称为后滑。

前滑值可按下式计算：

$$S_h = \frac{v_h - v_H}{v} \times 100\% \tag{32-1}$$

式中　S_h——前滑值；

v_h——轧件出口速度，mm/s；

v_H——轧辊圆周线速度，mm/s。

本实验采用刻痕法计算前滑值，如图 32-1 所示，前滑值用长度表示为 $vt = L$。

$$S_h = \frac{v_h t - vt}{vt} = \frac{L_h - L_H}{L_H} \times 100\% \tag{32-2}$$

式中　L_H——轧辊表面刻痕长度，mm；

L_h——轧件表面留痕长度，mm；

t——时间，s。

由秒流量不变条件：

$$FVt = C(常数) \tag{32-3}$$

则变形区出口断面金属秒流量应等于中性面金属秒流量，从而可由 D. 德里斯顿前滑公式计算前滑值。

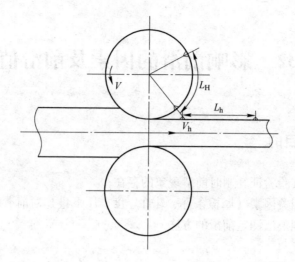

图 32-1　前滑测量示意图

$$S_h = \frac{\gamma^2}{2}\left(\frac{D}{h} - 1\right) = \frac{\gamma^2}{h}R \qquad (32\text{-}4)$$

$$\gamma = \frac{\alpha}{2}\left(1 - \frac{\alpha}{2\beta}\right) = \frac{\alpha}{2}\left(1 - \frac{\alpha}{2f}\right) \qquad (32\text{-}5)$$

式中　γ——中性角，（°）；

α——咬入角，（°）；

β——摩擦角（可根据咬入实验的数据计算）；

f——摩擦系数；

D——轧辊直径，mm；

h——轧件轧后厚度，mm。

三、实验设备及材料

（1）$\phi 130$ 轧机；

（2）直尺、游标卡尺；

（3）铝板、润滑油、白粉笔。

四、实验方法及步骤

取试样 6 块，测量原始板厚 H、辊径 D、辊面刻度 L_H。将试样分成三组，取压下量 $\Delta h = 0.5\text{mm}$ 或 $\Delta h = 1\text{mm}$，分别在轧辊一般状态，加润滑油、涂白粉笔的条件下进行轧制，每块试样轧制 5 道次，每轧一道次后测量其轧件轧后厚度 h，轧件留痕长度 L_h，并记入表 32-1 中，求出前滑值 S_h。

表 32-1 实验数据表

编号	实验条件	H	第一道次			第二道次			第三道次			第四道次			第五道次		
			h_1	L_1	S_{h1}	h_2	L_2	S_{h2}	h_3	L_3	S_{h3}	h_4	L_4	S_{h4}	h_5	L_5	S_{h5}
1	一般状态																
2																	
3	加油润滑																
4																	
5	涂白粉笔																
6																	

五、实验报告要求

（1）绘制在不同的轧制条件下（一般状态，加润滑油、涂白粉笔三种状态），$\Delta h = C$（常数）时，压下率对前滑的影响曲线（S_h 与 $\Delta h/H$ 的关系曲线）。

（2）讨论摩擦条件对前滑值的影响。

（3）计算理论前滑值，并讨论分析实测值与理论计算值之间的差异及产生原因。

实验 33　平辊轧制过程中的不均匀变形及板形缺陷分析

一、实验目的

(1) 观察轧件宽向厚度不均引起的不均匀变形现象；

(2) 了解轧制过程中常见板形缺陷的种类、特征、产生部位及其原因。

二、实验原理

板形通常指板带材的平直度。直观来说，是指板带材各部位是否产生波形、翘曲、侧弯及瓢曲等。板形缺陷的产生是由于轧件沿宽度方向（或高度方向）上的纵向延伸不均匀，出现了内应力的结果。因此板形就实质而言，是指板带材内部残余应力的分布。

为了获得良好板形，轧制时必须保证轧件沿宽度方向各点的纵向延伸相等，或压下率相等。其几何条件的表达式为

$$\frac{L(X)}{I(x)} = \frac{h(x)}{H(X)} \tag{33-1}$$

板形缺陷的几种形式如图 33-1 所示。

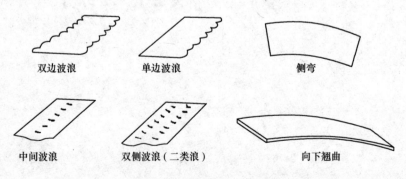

双边波浪　　　　单边波浪　　　　　　　　侧弯

中间波浪　　双侧波浪（二类浪）　　　　向下翘曲

图 33-1　板形缺陷示意图

产生板形缺陷的影响因素主要有：轧制力变化、来料板凸度、热凸度变化、初始轧辊凸度、板宽变化、张力、轧辊接触状态、来料状态等。本实验采用原始

厚度沿宽向分布不均匀的试料，而且三块试料沿宽向厚差区段比例不同，在平辊上轧制时，沿宽向上的纵向延伸系数不同，由于变形金属为一个整体，将会产生不均匀变形，变形后会呈现出不同的板形现象。

三、实验设备及材料

（1）$\phi130$ 轧机；

（2）直尺、剪刀；

（3）铅板、铝板。

四、实验方法及步骤

（1）横向厚度不均时不均匀变形现象的观察与分析。取 $H \times L \times B = 0.5\text{mm} \times (38、48、54)\,\text{mm} \times 70\text{mm}$ 铅试样各一块，按图 33-2 方式折叠，分别取 $a = 4\text{mm}$、9mm、12mm。将 1 号、2 号试料一道次轧至 $h = 0.6\text{mm}$，将 3 号试料一道次轧至 $h = 0.4\text{mm}$。观察三块试料变形后呈现的形状。

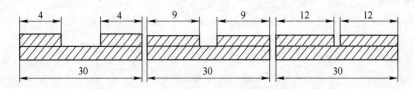

图 33-2　实验用试料尺寸示意图（单位：mm）

（2）沿高向不均匀压缩变形。表面接触摩擦，加热不均等都会引起金属沿高向的压缩不均匀。用变形抗力不同的两种金属包裹轧制，可以观察到金属沿高向不均匀变形。

取 $H \times L \times B = 0.5\text{mm} \times 54\text{mm} \times 90\text{mm}$ 铝片，将其包裹在 $H \times L \times B = 0.5\text{mm} \times 10\text{mm} \times 110\text{mm}$ 的铅片上，以 40% 的变形一道次轧至 0.9mm，测量两种金属各自的变形情况。

（3）采用两边不同的压下量，观察轧制后的板形变化。

五、实验报告要求

（1）根据实验观察到的情况说明不均匀变形现象，讨论产生不均匀变形的原因；

（2）描绘横向厚度不均匀轧制时，铅板在不同条件下轧后示意图，并分析板形缺陷产生原因；

（3）描绘包裹轧制时，铅板和铝板轧制后的示意图，并分析板形缺陷产生的原因；

（4）简述轧制过程常见板形缺陷的种类、特征、产生原因及控制方法。

实验 34　轧机结构分析及操作实践

一、实验目的

（1）掌握轧机结构及其部件动作原理；
（2）了解轧机的操作方法。

二、实验原理

轧机是主要的塑性加工设备之一。本次实验内容以轧机的传动方式、轧机结构形式及操作为主。

三、实验设备及材料

（一）$\phi130\text{mm} \times 265\text{mm}$ 二辊轧机

轧机形式：二辊不可逆；

轧辊直径：$\phi130\text{mm}$；

辊身长度：265mm；

轧辊材质：45 号锻钢；

轴承：青铜；

润滑：机油；

平衡方式：弹簧平衡；

压下装置：手动；

螺纹形式：梯形；

螺距：4mm；

外径：$\phi38\text{mm}$；

传动比：$\lambda = 102/40 = 2.55$；

手把传动一圈压下量：1.57mm。

（二）$\phi170\text{mm} \times 300\text{mm}$ 二辊轧机

轧机形式：二辊可逆；

轧辊直径：ϕ170mm；

辊身长度：300mm；

轧制速度：0.42m/s；

轴承：滚动轴承；

润滑：机油；

压下装置：电动；

压下速度：0.056mm/s；

螺距：4mm；

螺丝直径：ϕ70mm。

（三）ϕ35mm/165mm×150mm 四辊轧机

轧机形式：四辊不可逆；

工作辊直径：ϕ35mm；

支承辊直径：ϕ165mm；

辊身长度：150mm；

轧制速度：0.26m/s；

轴承：滚动轴承；

压下装置：手动；

手轮每转的压下量：0.077mm。

四、实验方法及步骤

（一）轧机构件识别与运行观察

（1）识别各轧机主传动的配置及观察各部分的作用。

（2）识别轧机工作机座的组成及观察各部分的作用。

（3）了解轧机基本操作方法。

（二）实验轧机的调整

1. 轧辊水平调整与轴向调整

轧制时，两轧辊轴线应保持水平，以保证获得厚度均匀的成品和防止轧制时轧件产生的轴向串动，并使轴承磨损均匀和连接轴正常工作。

实验中，可以用矩形试料送入轧辊进行试轧，检查轧辊是否平行，如两轧辊轴线不平行，则试料必向一侧弯曲，这时必须单独调整一侧的压下螺丝，然后再试轧，直至轧辊水平为止。

轧辊轴向调整是指轧辊轴向位置的调整，按照要求，两轧辊轴向位置应当一致，如果不一致，则应调轴向调整装置，即压板，勾瓦螺丝等，使之一致，然后再将轴向位置固定。

2. 轧辊辊缝调整

以 $\phi130\text{mm} \times 265\text{mm}$ 二辊轧机为例。在 $\phi130\text{mm} \times 265\text{mm}$ 二辊轧机上，辊缝的调整方法是转动小齿轮上的手柄，顺时针方向是使上轧辊压下，辊缝减小，逆时针方向是使上轧辊上升，辊缝增加。

为获取要求的轧后尺寸，轧制时必须把轧辊辊缝调整到一定数值，为此将两轧辊压紧相贴，记下手把位置，然后调整压下手把，使上轧辊上升，压下手把转动圈数为

$$n = \frac{h}{c} \tag{34-1}$$

式中　n——压下手把转动圈数；

　　　h——轧件轧后厚度；

　　　c——压下手把转动一圈轧辊上升的距离。

根据以公式估算的圈数调整后，试轧废料测算出厚度，再根据此厚度与要求尺寸进行相应的调整，直至合乎要求为止。

五、实验报告要求

（1）讨论各轧机的特点、优缺点及操作方法；

（2）绘制其中一种轧机的主传动示意图及轧机结构示意图，并对各部件的功能进行说明。

实验35　电阻应变片的粘贴与组桥

一、实验目的

(1) 掌握电阻应变片的粘贴工艺；
(2) 掌握电阻应变片的组桥；
(3) 掌握单臂、半桥和全桥的组桥及接线方法；
(4) 验证电桥的输出公式。

二、实验原理

(一) 电阻应变片工作原理简述

电阻应变片的作用是将被测试试件的机械量（应变）转换成电量，以供电子仪器进行测量。一般电阻应变片是用粘接剂粘贴在被测试件表面上，当在外力作用下，试件产生的应变通过粘接剂及应变片基底传递给敏感栅，敏感栅在外力作用下发生变形（伸长或缩短）使其电阻也随之发生变化。金属栅应变片的电阻变化与应变的关系为：

$$K_0\varepsilon = \frac{\Delta R}{R} \tag{35-1}$$

该式表明，金属敏感栅材料的电阻变化率与应变呈线性关系。如果 K_0 已知，再测出电阻变化率 $\Delta R/R$，就可计算出应变 ε，这就是应变片的工作原理。

应变片的粘贴技术是保证测量精度和测量工作进行的必要关键环节，必须精心操作和严格检查。

(二) 电桥电路工作原理简述

应变片的作用是将机械应变转换为电阻变化，但应变片的电阻变化量很小（一般在百分之几至万分之几），不易直接测量，为此必须采取一定形式的测量电路，将微小的电阻变化量转换成电压或电流的变化量，再经放大器放大后，即可用仪表显示或记录。电桥电路可测量 $10^{-3} \sim 10^{-6}$ 数量级的微小电阻变化，精度高，稳定性好，且易于进行温度补偿。最简单的电桥电路如图35-1所示。

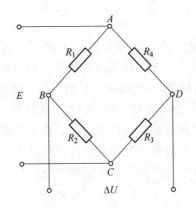

图 35-1　电桥

E—供桥电压；ΔU—输出电压；*R*—桥臂电阻

三、实验设备及材料

（1）电阻应变仪；

（2）数字万用表；

（3）放大镜、砂纸、丙酮、酒精、脱脂棉、502 胶、石蜡纸、接线端子、电烙铁、导线、镊子、焊锡、松香；

（4）等强度梁传感器（或弹性元件）、应变片。

四、实验方法及步骤

（一）电阻应变片与组桥方案选择

选择单臂、半桥和全桥的组桥方案，根据电桥选择电阻应变片。

（二）电阻应变片粘贴

1. 外观检查和阻值分选

外观检查。用放大镜观察应变片外表是否完整，有无锈斑，引线是否牢固，敏感栅是否排列整齐，用数字万用表检查电阻应变片是否短路、断路。

阻值分选和配桥。首先使用数字万用表测出各应变片的电阻值（读到 0.1Ω），再按电阻值的大小，将相近的（差值 $\pm 0.2\Omega$ 以内）应变片分成一组，以便粘贴和组桥使用。

2. 贴片表面的处理

首先去除试件（弹性元件）待贴片部位表面上的氧化铁皮、铁锈等。根据其表面状态选取适当型号的砂布或砂纸进行打磨，打磨面积约为贴片面积的 3 ~ 5 倍，使其表面粗糙度达到 200 ~ 320μm。然后，用 0 号或 1 号细砂纸或砂布将贴片表面打成与应变片轴线方向成 45°的交叉纹路（打毛）。接着分别用脱脂棉蘸取丙酮、酒精溶液，在贴片表面进行仔细清洗，直至脱脂棉不见污迹为止。晾干清洗过的试件表面，待其上溶剂完全挥发后再进行贴片。清洗后的表面禁止用手触摸或接触任何东西，操作中应保持双手清洁干净。

3. 粘贴电阻应变片

待应变片表面上的丙酮干燥后，在应变片底面上均匀地涂抹一薄层 502 快干胶，稍等片刻。待快干胶开始浓缩时，立即将应变片粘贴到传感器上，然后覆盖一层蜡纸，用手从电阻应变片根部往前部压出多余的胶水及气泡。

粘贴应变片时涂胶要适量，不宜过多。不要把应变片的引线贴在试件上。由于 502 是快干胶，涂胶贴片时动作要快，压挤应变片时，不能使其错动。另外注意不要把手粘住，特别注意防止胶水溅入眼睛内。

4. 粘贴质量检查

外观检查：检查粘贴是否牢固，有无气泡，位置是否正确。
电阻值检查：贴片前后电阻值不应有较大变化。

（三）组桥

组桥接线方式如图 35-2 所示。先采用电烙铁和松香给接线端子上涂抹一层焊锡，然后挑出应变片的引丝，把应变片引线多余部分减掉，用电烙铁焊到接线片上，以便组桥。连线可用漆包线和细胶线。

焊完引线后用数字万能表检查一下电阻值是否与原来的相同，同时再用万用表的高阻挡（×10kΩ 以上）检查电阻应变片的绝缘性能，绝缘电阻应大于 $5 \times 10^6 \Omega$。

（四）测试输出

对所贴片的弹性元件加载，观测不同组桥方案输出值变化。

五、实验报告要求

（1）画出组桥简图及粘贴的应变片接线示意图；

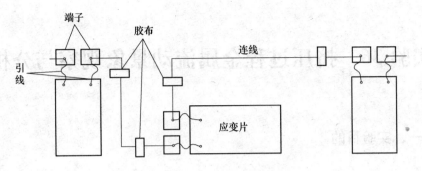

图 35-2 应变片粘贴接线示意图

（2）简述电阻应变片的粘贴工艺；

（3）分析组桥方案的实验数据，并加以讨论。

实验 36　挤压过程金属流动景象观察与分析

一、实验目的

（1）观察挤压时金属塑性流动规律及特点；

（2）了解工艺因素变化对挤压力及金属流动的影响；

（3）为制定工艺参数，设计工具，控制产品质量等获取初步感性认识。

二、实验原理

挤压时金属质点的流动景象和挤压力大小受诸多工艺因素的影响。当工艺制度合理时，不仅能使挤压力大小和金属流动均匀，而且对控制产品质量也十分有利。这些工艺因素主要包括：挤压方式、表面摩擦状态、变形程度、变形速度、变形温度、模具定径带的长度以及金属制品的品种等。

研究的实验方法有多种，如坐标网格法、观测塑性法、组合试件法、插针法、金相法、光塑性法、莫尔条纹法、原子示踪法以及硬度法等。其中最常用的是坐标网格法，我们在实验中将采用此种方法。

网格法是研究金属压力加工中的变形分布、变形区内金属流动情况等应用最广泛的一种方法。其方法是在变形前在试样表面或内部剖分平面上做出方格或同心圆。待变形后观测其变化情况，来确定各处的变形大小，判断物体内的变形分布情况。

多数情况下，金属的塑性变形是不均匀的，但是可以把变形体分割成无数小的单元体，如果单元体足够小，则在小单元体内就可以近似视作是均匀变形。这样，就可以借用均匀变形理论来解释不均匀变形过程，由此构成坐标网格法的理论基础。网格原则上尽可能小些，但考虑到单晶体各向异性的影响，一般取边长 5mm，深度 1~2mm。

应当指出，当刻画网格的尺度很小，如网格为 1mm 间距以下时，必须借助于工具显微镜测量，而线条及其间距应设法避免波动，以防影响精确性。

三、实验设备及材料

（1）四柱液压机、挤压模具；

（2）游标卡尺、直尺、划针；

（3）铅锭（$\phi63mm \times 100mm$）、润滑剂、粉笔。

四、实验方法及步骤

实验采用坐标网格法。选用 $\phi63mm$ 铝锭作试件，将试件沿纵向对称剖分，在一个剖分面上均匀刻画 $5mm \times 5mm$ 网格（图 36-1），在刻痕沟槽中填充粉笔灰，然后将其两剖切块重新合拢，实施不完全挤压。取出试件，打开观测网格变化。

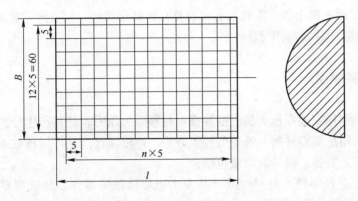

图 36-1 网格画法（单位：mm）

五、实验报告要求

（1）观察分析坐标网格纵向线的变化特征；

（2）观察分析坐标网格横向线的变化特征；

（3）观察分析试件前端的变化特征；

（4）描绘不同工艺条件下金属流动力景象，对比分析金属流动的不均匀程度；

（5）分析挤压过程中不均匀变形对材料组织性能的影响。

实验 37　典型冲压模具结构分析

一、实验目的

（1）了解典型冲模结构及其工作原理；
（2）了解冲模上各个零件的名称及其在模具中作用、相互间的装配关系；
（3）熟悉模具的装配程序。

二、实验原理

冲压是利用安装在压力机上的冲模对材料施加压力，使其产生分离或塑性变形，从而获得所需零件的一种压力加工方法。冲模模具，是将材料加工成所需冲件的一种工艺装备。模具的组成包括：

（1）工艺性零件。与材料或产品发生直接接触的零件，如成型零件（凸凹模）、定位零件（挡料销等）、压卸料零件（卸料板、推件块、顶杆等）。

（2）结构性零件。起安装、组合、导向作用的零件，如支撑零件（上下模座）、导向零件（导柱、导套等）及紧固零件（螺钉等）。

图 37-1 所示为典型的冲模复合模，其中标出的 22 个零部件主要为工艺性零件和结构性零件。

三、实验设备及材料

（1）简单模、复合模、连续模；
（2）若干套锤子；
（3）内六角扳手、活动扳手等。

四、实验方法及步骤

（1）在教师指导下，首先初步了解冲模的总体结构和工作原理，如图 37-1 所示。

（2）按拆卸顺序拆卸冲模，详细了解冲模每个零件的结构和作用，弄清楚

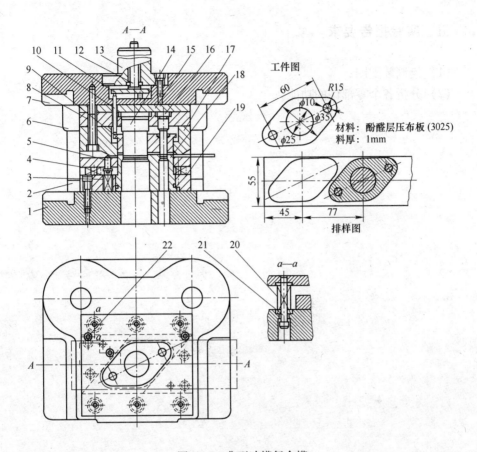

图 37-1 典型冲模复合模

1—下模座；2—导柱；3，20—弹簧；4—卸料板；5—活动挡料销；6—导套；7—上模座；
8—凸模固定板；9—推件块；10—连接推杆；11—推板；12—打料杆；13—模柄；
14，16—冲孔凸模；15—垫板；17—落料凹模；18—凸凹模；
19—固定板；21—卸料螺钉；22—导料销

工作零件包括哪些，定位零件分别是什么及其功能，知道什么是卸料、出件、压料零件。拆装模具之前，应先分清可拆卸件和不可拆卸件，制订方案，得到实验教师审查同意后方可拆卸。一般冲模的导柱、导套以及用浇铸或铆接方法固定的凸模等为不可拆卸或不宜拆卸件。

（3）拆卸时一般首先将上下模分开，然后分别将上下模作紧固用的紧固螺钉拧松，再打出销钉，用拆卸工具将模具各板块拆分，最后从固定板中压出凸模、凸凹模等，达到可拆卸件的全部分离。

（4）将冲模重新组装好，进一步了解冲模的结构和冲模在压床上工作时各部分的动作及作用。

五、实验报告要求

（1）绘制装配图；
（2）分析各个零部件的功能。

实验 38 冲压模具设计

一、实验目的

(1) 巩固和深化课堂所学理论知识,使学生进一步理解模具设计的思路,掌握模具的设计方法;

(2) 培养学生模具设计能力以及学生严谨的科学态度和作风,为今后从事模具设计工作打下良好基础。

二、实验原理

(一) 方案设计

方案设计如下:

(1) 分析零件的结构特点 (图 38-1)、材料性能以及尺寸精度要求。

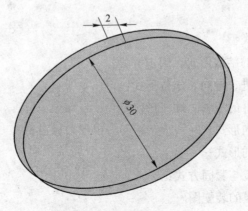

图 38-1 冲压模具尺寸图

(2) 制定冲裁工艺。根据零件结构的公益性,结合工厂的冲压设备条件及模具制造技术,确定该工件的冲压工艺规程及相应工序的冲压机构形式。

(二) 结构设计

在工艺方案设计和冲压模具结构形式确定基础上,设计冲压模具,绘制总装图和零件图。

（1）冲裁的工艺分析：分析冲裁件的结构形状、尺寸精度、材料是否符合冲压工艺要求，从而确定冲裁工艺。

（2）确定模具结构形式：正装、倒装落料模，落料、冲孔复合模。

（3）冲压模具参数设计计算：冲裁压力、压力中心、模具刃口尺寸计算，确定各主要零件的外形尺寸，计算模具的闭合高度，冲床选择。

（4）绘制冲模总装图。采用 2D 或 3D 设计软件设计冲裁模。2D 平面图按三视图标准绘制，标注装配尺寸。冷冲模标准件数占 50% 以上，图表和技术要求等按国家标准执行。

（5）绘制非标注零件图。绘制主要非标设备零件图。

三、实验设备及材料

（1）冲压模具数个；

（2）Autocad 二维设计软件，Pro/E 三维设计软件；

（3）优质碳素结构钢 08F。

四、实验方法及步骤

（1）确定模具类型；

（2）凸、凹模的结构形式、固定方式；

（3）毛坯的送进、导向、定位形式；

（4）毛坯和零件的压料、卸料形式；

（5）模架及导向形式；

（6）弹性元件的形式；

（7）模具的定位与紧固方式；

（8）绘制冲压模的装配图。

五、实验报告要求

（1）简要描述实验目的以及实验步骤；

（2）绘制冲压模具的装配图；

（3）填写冲压零件明细表 1 份（见表 38-1）。

表 38-1　冲压零件明细

序　号	名　称	用　途	材　料	热处理

实验 39　金属塑性成型模具的
安装与调试

一、实验目的

（1）掌握冲模安装的方法和注意事项，适当了解冲压工艺规程和各工序的特点；

（2）检查模具的安装条件，即根据图样检查模具零部件的数量、外观及装配质量，检查模具的闭合高度、出件方式及使用规定，清楚模具的结构及工作原理。

二、实验原理

（一）冷冲模安装

选择压力机并检查其安装条件。要求压力机的规格应符合所装模具的各项工艺规定，压力机的技术状态应满足模具的安装、使用标准。准备好安装冲模所需要的紧固螺栓、螺母、压板、垫块、垫板及冲模上的附件（顶杆、推杆等）。选择安装工具、量具等。

（二）冷冲模调试

1. 模具闭合高度的调试

模具的上、下模安装到压力机上后，要调整模具闭合高度。在调整时，可通过旋转螺杆来实现。需要注意的是，旋转螺杆前，应将锁紧螺杆的机构松开，待闭合高度调整好后再将锁紧机构锁住。

2. 凸模、凹模的配合调试

（1）冲孔、落料等冲裁模具，可将凸模调整到进入凹模刃口的深度为冲料厚的 2/3 或略深一些。

（2）弯曲模凸模进入凹模的深度与弯曲件的形状有关，一般凸模要全部进入凹模或进入凹模一定的深度，将弯曲件压制成型为止。

（3）对于拉深模的调试，除考虑凸模必须全部进入凹模外，还应考虑开模后制件能顺利地从模具中卸下来。

（4）有导向装置的模具，其调试过程比较简单，凸、凹模的位置可由导向零件决定，要求模具的导柱导套要有良好的配合精度，不允许有位置偏移和卡住现象。对于无导向装置的模具，其凸、凹模的位置就要用测量间隙或用垫片法来保证。

（三）其他辅助装置的调试

（1）对于定位装置的调试，应时常检查定位元件的定位状态，假如位置不合适或定位不准确，应及时修整其位置和形状，必要时可重新更换定位零件。

（2）对于卸料系统的调试，应使卸料板（或顶件器）与制件伏贴；卸料弹簧或卸料橡胶块弹力要足够大；卸料板（或顶件器）的行程要调整到足够使制件卸出的位置；漏料孔应畅通无阻；打料杆、推料板应调整到顺利将制件推出，不能有卡住、发涩现象。

（3）试模。

三、实验设备及材料

（1）冷冲模 1 套；

（2）活动扳手，内角扳手；

（3）钢尺，40mm 垫板两块，20mm 垫块若干；

（4）100mm × 2000mm × 1mm 08 钢板一张。

四、实验方法及步骤

（1）测量冲模的闭合高度，并根据测量的尺寸调整压力机滑块的高度，使滑块在下止点时，滑块底面与工作面之间的距离略大于冲模的闭合高度（若有垫板，应为冲模闭合高度与垫板之和）。

（2）擦洗冲模及工作台表面。取下模柄锁紧块将冲模推入，使模柄紧靠模柄孔，垫板间距要使废料能够漏下，合上锁紧块，再将压力机滑块停在下止点，并调整压力机滑块高度，使滑块与上模顶面接触。紧固锁模块安装下模压板，但不要将螺栓拧得太紧。有弹性顶出器装置的在下模安装弹性顶出器。若上模有顶杆时，要插入打料杆调整压力机的卸料螺钉，刚好使打料杆压住顶杆为止，即打下零件为止。

五、实验报告要求

（1）绘制装配图；

（2）分析各个零部件的功用。

实验40　曲柄压力机结构分析与操作

一、实验目的

（1）了解曲柄压力机结构及其工作原理；

（2）了解曲柄压力机中各个机构的作用；

（3）了解曲柄压力机的分类、安装与调试。

二、实验原理

曲柄压力机是以曲柄滑块机构为运动机构，依靠机械传动将电动机的运动和能量传输给工作机构，通过滑块给模具施加压力，从而使毛坯产生变形。曲柄压力机的滑块机构运动简图如图40-1所示。

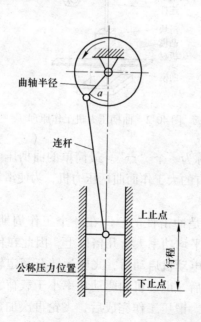

图40-1　曲柄压力机的滑块机构运动简图

曲柄压力机是通过曲柄滑块机构将电动机的旋转运动转换为滑块的直线往复

运动，对坯料进行成型加工的锻压机械。曲柄压力机动作平稳，工作可靠，广泛用于冲压、挤压、模锻和粉末冶金等工艺。曲柄压力机在数量上约占各类锻压机械总数的一半以上。曲柄压力机的规格用公称工作力（kN）表示，它是以滑块运动到距行程的下止点 10 ~ 15mm 处（或从下止点算起曲柄转角 α 为 15° ~ 30° 时）为计算基点设计的最大工作力。

（一）工作原理

曲柄压力机工作时（图 40-2），由电动机通过三角皮带驱动大皮带轮（通常兼作飞轮），经过齿轮副和离合器带动曲柄滑块机构，使滑块和凸模直线下行。锻压工作完成后滑块回程上行，离合器自动脱开，同时曲柄轴上的制动器接通，使滑块停止在上止点附近。

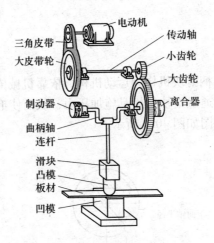

图 40-2　曲柄压力机工作原理

每个曲柄滑块机构称为一个"点"。最简单的曲柄压力机采用单点式，即只有一个曲柄滑块机构。有的大工作面曲柄压力机，为使滑块底面受力均匀和运动平稳而采用双点或四点。

曲柄压力机的载荷是冲击性的，即在一个工作周期内锻压工作的时间很短。短时的最大功率比平均功率大十几倍以上，因此在传动系统中都设置有飞轮。按平均功率选用的电动机启动后，飞轮运转至额定转速，积蓄动能。凸模接触坯料开始锻压工作后，电动机的驱动功率小于载荷，转速降低，飞轮释放出积蓄的动能进行补偿。锻压工作完成后，飞轮再次加速积蓄动能，以备下次使用。

曲柄压力机上的离合器与制动器之间设有机械或电气连锁，以保证离合器接合前制动器一定松开，制动器制动前离合器一定脱开。机械压力机的操作分为连续、单次行程和寸动（微动），大多数是通过控制离合器和制动器来实现的。滑块的行程长度不变，但其底面与工作台面之间的距离（称为封密高度），可以通过螺杆调节。

生产中，有可能发生超过压力机公称工作力的现象。为保证设备安全，常在压力机上装设过载保护装置。为了保证操作者人身安全，压力机上面装有光电式或双手操作式人身保护装置。

（二）结构类型

机械压力机一般按机身结构形式和应用特点来区分。按机身结构形式分，有开式压力机和闭式压力机两类。

（1）开式压力机。也称冲床，应用最为广泛。开式压力机多为立式（图40-3）。机身呈 C 形，前、左、右三面敞开，结构简单、操作方便、机身可倾斜某一角度，以便冲好的工件滑下落入料斗，易于实现自动化。但开式机身刚性较差，影响制件精度和模具寿命，仅适用于 4 ~ 400t 的中小型压力机。

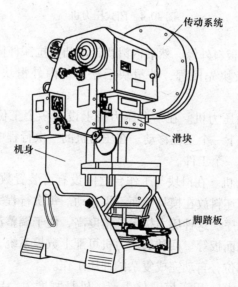

图 40-3　开式压力机

（2）闭式压力机。机身呈框架形（图40-4），机身前后敞开，刚性好，精度高，工作台面的尺寸较大，适用于压制大型零件，公称工作力多为 160 ~ 6000t。冷挤压、热模锻和双动拉深等重型压力机都使用闭式机身。

按应用特点分，有双动拉深压力机、多工位自动压力机、回转头压力机、热模锻压力机和冷挤压机。

（1）双动拉深压力机。它有内、外两个滑块，用于杯形件的拉深成型。拉

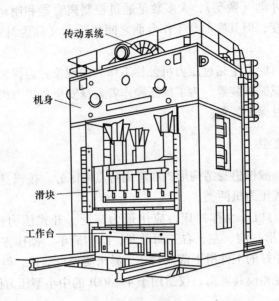

图 40-4　闭式压力机

深前外滑块首先压紧板料外缘，然后内滑块带动凸模拉深杯体，以防板坯外缘起皱。拉深完成后内滑块先回程，外滑块后松开。内外滑块公称工作力之比为 $(1.7\sim1):1$。

（2）多工位自动压力机。在一台压力机上设有多个工位，装置多道成型模具，坯料依次自动向下一个工位移动。在压力机的一次行程中，各工位同时进行各道成型工序，制成一个工件。

（3）回转头压力机。在滑块与工作台之间设有可装置数十组模具的回转头，可按需要选用模具。坯料放在模具上而不再移动。每次行程完毕，回转头转动一个位置，完成一道工序。这种压力机定位精度高，便于调整产品，一机多用，多用于冲制仪器底板和面板等。回转头压力机可配上数控系统，根据编好的指令选用模具和板材成型部位，自动完成复杂的冲压工作。

（4）热模锻压力机。用于模锻件生产。机身刚度大，导向面长，承受偏载能力强。过去多用曲柄连杆机构，为提高刚性多已改用双滑块式和楔式。双滑块式结构较简单，质量轻；楔式结构支承面积大，但传动效率低。模锻时滑块在下止点附近容易卡死（俗称闷车），所以设有脱出装置。机械中有上下顶出装置，能实现多模膛锻造，锻件精度较高，适于大批量生产。

（5）冷挤压机。用于冷、温态挤压金属零件，如枪弹壳、牙膏管等。冷挤压机一般是立式的，特点是刚度好，导向精度高，工作压力大，工作台面小，工作行程长。

三、实验设备及材料

（1）曲柄压力机；
（2）扳手、手套、直尺等。

四、实验方法及步骤

（1）初步了解曲柄压力机的总体结构和工作原理；
（2）对曲柄压力机的构件进行观察和分析其作用；
（3）对曲柄压力机进行简单操作。

五、实验报告要求

（1）简述曲柄压力机的工作原理；
（2）简述曲柄压力机的结构及各个零件的作用。

第五部分

综合性拓展实验

实验41　材料热处理综合实验

一、实验目的

（1）根据材料成分与组织性能的关系，制定合理的热处理工艺，掌握热处理操作过程；

（2）加深对不同热处理工艺将获得不同硬度及金相组织的理解；

（3）了解常用热处理设备及温度控制方式。

二、实验原理

（一）2024铝合金的固溶、淬火及时效

（1）制定固溶、淬火及时效工艺（包括自然时效和人工时效）；

（2）制定获得2024过烧组织的工艺；

（3）分析比较自然时效和人工时效时，时效硬化规律的异同点；

（4）分析正常淬火组织和过烧组织的特点，并画出示意图；

（5）硬度测试采用HB（ϕ5mm钢球，2450N/30s）。

（二）7075铝合金的淬火及时效

（1）制定固溶、淬火及时效工艺（包括单级时效和双级时效）；

（2）比较单级时效和双级时效时硬度变化特点；

（3）分析淬火组织的特点，并画出示意图；

（4）硬度测试采用HB（ϕ5mm钢球，2450N/30s）。

（三）QBe2 铍青铜淬火及时效

（1）制定 QBe2 固溶、淬火及时效工艺；

（2）测定时效硬化曲线；

（3）比较原始态、淬火态及时效后硬度变化规律；

（4）制定产生不连续脱溶的时效工艺；

（5）观察固溶、淬火、时效组织并比较不连续脱溶组织与正常时效组织的特点；

（6）硬度测试采用 HV。

（四）H68 黄铜的退火

（1）制定 H68 黄铜退火工艺；

（2）测定 H68 黄铜退火温度与硬度变化规律；

（3）比较不同退火温度下晶粒大小（与标准图谱比较）；

（4）比较原始态（变形态）组织及退火态组织的特点；

（5）硬度测试采用 HB（ϕ5mm 钢球，2450N/30s）。

（五）碳钢的退火与正火

材料：工业纯铁（含 0.02%C）、20 钢（含 0.2%C）、45 钢（含 0.45%C）、T8 钢（含 0.8%C）、T12 钢（含 1.2%C）。

要求：

（1）制定退火及正火工艺；

（2）比较不同碳含量对退火组织及硬度的影响；

（3）比较不同碳含量对正火组织及硬度的影响；

（4）硬度测试采用 HRB 或 HB（ϕ1.588mm 钢球或 ϕ5mm 钢球，2450N/30s）。

（六）碳钢的淬火

材料：20 钢、45 钢、T8 钢、T12 钢。

要求：

（1）制定淬火工艺；

（2）分析不同碳含量对淬火组织及硬度变化的影响规律；

（3）硬度测试采用 HRC（金刚石压头，1470N/10s）。

（七）钢的淬火及回火

材料：45 钢、T10 钢和轴承钢 GCr15（含 0.95%~1.0%C）。

要求：

（1）制定淬火及回火工艺；

（2）分析比较三种钢的淬火及回火组织；

（3）研究不同温度回火时硬度变化规律；

（4）硬度测试采用 HRC。

（八）T12 和 GCr15 的球化退火

（1）制定球化退火工艺及 T12 普通退火工艺；

（2）比较普通退火和球化退火组织及硬度的差异；

（3）比较普通球化退火和等温球化退火组织及硬度的差异；

（4）硬度测试采用 HRB 或 HB。

（九）20CrMnTi WW 钢渗碳

材料：20CrMnTi 钢，采用固体渗碳（渗碳剂为木炭、碳酸钡和碳酸钠）。

要求：

（1）制定渗碳工艺；

（2）分析渗碳后退火状态下从表面至中心部分的显微组织；

（3）制定渗碳后 20CrMnTi 钢的热处理工艺；

（4）测定从渗层到中心的硬度变化；

（5）硬度测试采用 HV。

三、实验设备及材料

（1）2024 铝合金、7075 铝合金；

（2）QBe2 铍青铜、H68 黄铜；

（3）工业纯铁（含 0.02% C）、20 钢（含 0.2% C）、45 钢（含 0.45% C）；

（4）T8 钢（含 0.8% C）、T12 钢（含 1.2% C）、T10 钢；

（5）轴承钢 GCr15（含 0.95% ~ 10% C）和 20CrMnTi 钢；

（6）洛氏硬度计、维氏硬度计和布氏硬度计。

四、实验方法及步骤

（1）每班可分为 8 ~ 9 组，每组 3 ~ 4 人，任选上述实验内容中的有色合金和钢的热处理实验各 1 项。

（2）要求每组学生自己查阅资料，拟定实验方案，经教师审批后进行实验。

（3）实验后由教师组织学生进行交流、讨论和总结。

五、实验报告要求

（1）写出实验名称与实验方案（包括整体方案和本人负责部分的方案）；
（2）记录实验数据及总结实验结果；
（3）分析实验结果的规律性；
（4）显微组织均需画出示意图，并做出说明和比较。

实验 42 材料现代分析测试综合实验

一、实验目的

（1）应用所学的金相分析、X 射线分析、电子显微分析、材料结构分析等材料分析方法，解决工业生产和科学研究中常见的材料分析测试问题；

（2）熟悉各种材料分析测试方法的特点并能够综合运用。

二、实验原理

材料分析测试样品的选择要密切联系生产和科研实际，选择典型材料中有代表性的问题进行分析，以材料的显微组织分析、晶体结构分析和化学成分分析为重点。本实验可结合本单位仪器设备的具体情况，选择有条件实施的项目进行。

（1）金属材料的分析测试。制备金属材料的金相和透射电镜样品，分析样品的显微组织、晶体结构和化学成分等，重点对样品中的第二相和晶体缺陷进行分析。

（2）陶瓷材料的分析测试。制备陶瓷材料的金相和透射电镜样品，分析样品的显微组织、组成相种类与结构，测定样品中所含各种相的含量和化学成分，重点对结晶相的晶体结构进行定性和定量分析。

（3）薄膜材料的分析测试。分析薄膜的平面和截面显微形貌、薄膜和薄膜/基体界面的显微结构、薄膜的厚度和成分等。

（4）粉体样品的分析测试。分析测试粉体材料的组成相、显微形貌、颗粒直径和化学成分等。

三、实验设备及材料

（一）实验设备

本实验所提供的分析测试设备应包括材料的显微组织分析、晶体结构分析和化学成分分析的主要手段，如光学金相显微镜、扫描电子显微镜、X 射线衍射仪、透射电子显微镜和 X 射线光电子能谱仪等，此外也应提供制备分析测试样品时所需的相关设备。各小组可根据测试材料的种类和测试任务的要求选择相应的仪器设备。

（二）实验材料

（1）钢铁或铝、铜、镁基合金材料；

（2）金属、半导体或氧化物薄膜材料；

（3）金属或氧化物粉体材料。

四、实验方法及步骤

（1）本实验以小组为单位进行，每组 5~6 名学生，每组完成一种材料的分析与测试。要求安排有经验的教师组织和指导学生完成实验方案设计、上机分析测试和实验结果分析。

（2）本实验包含资料查阅、方案设计、上机操作、数据处理、结果分析、实验报告撰写等环节。每组学生接受分析测试任务后，应通过查阅资料、集中讨论和个别答疑等方式，针对测试任务设计出详细的实验方案，经指导教师确认后进行实验。最后，分析处理所获得的实验结果，得出分析测试结论，完成分析测试报告。

五、实验报告要求

（1）实验报告内容应包括分析测试实验方案、实验结果、分析讨论、测试结论等内容；

（2）采用的分析测试仪器应涉及材料的显微组织分析、化学成分分析和晶体结构分析的主要手段，如光学金相显微镜、电子显微镜、X 射线衍射仪、能谱仪或电子探针等。

实验 43   金属塑性成型综合实验

一、实验目的

（1）通过压缩和轧制实验，了解常见金属塑性成型原理、主要工艺特点；

（2）掌握金属材料的常见力学性能的测试方法；

（3）观察实验中出现的实验现象，用理论知识解释其现象。

二、实验原理

（一）金属塑性成型

1. 压缩变形

以低碳钢为代表的塑性材料，轴向压缩时会产生很大的横向变形，但由于试样两端面与实验机支撑垫板间存在摩擦力，约束了这种横向变形，故试样中间部分出现显著的鼓胀，如图 43-1 所示。

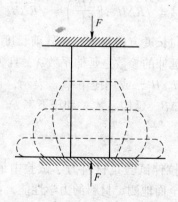

图 43-1   低碳钢压缩时的鼓胀效应

塑性材料在压缩过程中的弹性模量、屈服点与拉伸时相同，但在到达屈服阶段时不像拉伸试验时那样明显，因此要仔细观察才能确定屈服载荷。当继续加载时，试样越压越扁，由于横截面面积不断增大，试样抗压能力也随之提高，曲线持续上升。除非试样过分鼓出变形，导致柱体表面开裂，否则塑性材料将不会发生压缩破坏。因此，一般不测材料的抗压强度，而通常认为抗压强度等于抗拉强度。

将圆柱体试样在压力机或落锤上进行镦粗，试样的高度一般为直径 D_0 的 1.5 倍（例如 $H_0 = 30\text{mm}$，$D_0 = 20\text{mm}$），试样侧表面出现第一条裂纹时的压缩程度 ε_c 作为塑性指标，即

$$\varepsilon_c = (H_0 - H_k)/H_0 \times 100\% \tag{43-1}$$

式中　H_k——镦粗试样侧表面出现第一条裂纹时的高度，mm。

2. 板材轧制

轧制是指金属在两个旋转的轧辊之间进行塑性变形的过程。其目的不仅是改变金属的形状（断面减小、形状改变、长度增加），而且也使金属获得一定的组织和性能。主要用来生产型材、板材、管材。轧制分冷轧、热轧。目前轧制产品的种类和规格达数万种，本实验只对简单的平辊轧板进行实验。

轧件入口厚度为 H_0，轧后厚度为 H_K，轧前厚度差 $\Delta H = H_0 - H_K$ 称为压下量，用以下几何关系表示：

$$\Delta h = 2R(1 - \cos\alpha) \tag{43-2}$$

式中　R——轧辊半径，mm；
　　　α——咬入角，(°)。

与 α 相应的弧长称为接触弧，其水平投影称为变形长度 l，由图 43-2 可知：

$$l = \sqrt{R\Delta H - \left(\frac{\Delta H^2}{4}\right)} \approx \sqrt{R\Delta H} \tag{43-3}$$

轧件受压下变形后，向长度方向延伸，由轧前长度 L_0 变为轧后长度 L_1，同时有横向宽展。轧件长度延伸的参数是延伸系数 λ，且为 $\lambda = L_1/L_0$。压下变形可用压下系数 η 表示，$\eta = H_0/H_1$，或用压下率 ε 表示，且 $\varepsilon = (\Delta H/H_0) \times 100\%$。工程中广泛使用的是宽展 ΔB、延伸系数 λ 和压下率 ε。

（二）金属力学性能

常温、静载下的轴向拉伸试验是材料力学试验中最基本、应用最广泛的试验。通过拉伸试验，可以全面地测定材料的力学性能，如弹性、塑性、强度、断裂等力学性能指标。这些性能指标对材料力学的分析计算、工程设计、选择材料和新材料开发都有极其重要的作用。在拉伸试验时利用实验机的自动绘图器可绘出低碳钢的拉伸曲线，拉伸曲线形象地描绘出材料的变形特征及各阶段受力和变形间的关系，可由该图形的状态来判断材料弹性与塑性好坏、断裂时的韧性与脆性程度以及不同变形下的承载能力。但同一种材料的拉伸曲线会因试样尺寸不同

而各异。为了使同一种材料不同尺寸试样的拉伸过程及其特点便于比较，以消除试样几何尺寸的影响，可将拉伸曲线图的纵坐标（力 F）除以试样原始横截面面积 S_0，并将横坐标（伸长 ΔL）除以试样的原始标距 L_0。得到的曲线便与试样尺寸无关，此曲线称为应力-应变曲线或 $\sigma - \varepsilon$ 曲线，如图 43-2 所示。从曲线上可以看出，它与拉伸图曲线相似，也同样表征了材料力学性能。

拉伸试验过程分为 4 个阶段，如图 43-2 所示。

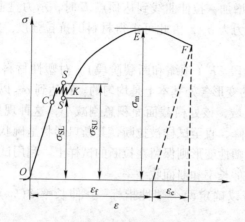

图 43-2　低碳钢应力-应变

σ_{SU}—上屈服强度；σ_{SL}—下屈服强度；σ_{m}—抗拉强度；

ε_{f}—断裂后的塑性应变；ε_{e}—弹性应变

（1）弹性阶段 OC。在此阶段中拉力和伸长成正比关系，表明钢材的应力与应变为线性关系，完全遵循虎克定律，如图 43-2 所示。若当应力继续增大到 C 点时，应力和应变的关系不再是线性关系，但变形仍然是弹性的，即卸除拉力后变形完全消失。

（2）屈服阶段 SK。当应力超过弹性极限到达锯齿状曲线时，示力盘上的主针暂停转动或开始回转并往复运动，这时若试样表面经过磨光，可看到表征晶体滑移的迹线，大约与试样轴线成 45°方向。这种现象表征试样在承受的拉力不继续增加或稍微减少的情况下变形却继续伸长，称为材料的屈服，其应力称为屈服点（屈服应力）。示力盘的指针首次回转前的最大力（σ_{SU}上屈服力）或不计初始瞬时效应（不计载荷首次下降的最低点）时的最小力（σ_{SL}下屈服力），分别所对应的应力为上、下屈服点。示力盘的主针回转后所指示的最小载荷（第一次下降后的最小载荷）即为屈服载荷 σ_{s}。由于上屈服点受变形速度及试样形状等因素的影响，而下屈服点则比较稳定，故工程中一般只定下屈服点。屈服应力是衡量材料强度的一个重要指标。

（3）强化阶段 KE。过了屈服阶段以后，试样材料因塑性变形其内部晶体组织结构重新得到了调整，其抵抗变形的能力有所增强，随着拉力的增加，伸长变形也随之增加，拉伸曲线继续上升。KE 曲线段称为强化阶段，随着塑性变形量的增大，材料的力学性能发生变化，即材料的变形抵抗力提高，塑性降低。在强化阶段卸载，弹性变形会随之消失，塑性变形将会永久保留下来。强化阶段的卸载路径与弹性阶段平行，卸载后重新加载时，加载线与弹性阶段平行，重新加载后，材料的比例极限明显提高，而塑性性能会相应下降。这种现象叫做形变硬化或冷作硬化。当拉力增加，拉伸曲线到达顶点 E 时，示力盘上的主针开始返回，而副针所指的最大拉力为 σ_m，由此可求得材料的抗拉强度。它也是材料强度性能的重要指标。

（4）局部变形阶段 EF（颈缩和断裂阶段）。对塑性材料来说，在承受拉力 σ_m 以前，试样发生的变形各处基本上是均匀的。在达到 σ_m 以后，变形主要集中于试样的某一局部区域，该处横截面面积急剧减小，这种现象即是"颈缩"现象，此时拉力随着下降，直至试样被拉断，其断口形状呈碗状。试样拉断后，弹性变形立即消失，而塑性变形则保留在拉断的试样上。利用试样标距内的塑性变形来计算材料的断后伸长率和断面收缩率。

在拉伸试验中可以确定两个塑性指标——伸长率 $\delta(\%)$ 和断面收缩率 Ψ（%），即

$$\delta = (L_k - L_0)/L_0 \times 100\% \tag{43-4}$$
$$\Psi = (A_0 - A_k)/A_0 \times 100\% \tag{43-5}$$

式中　L_0——拉伸试样原始标距长度，mm；

　　　L_k——拉伸试样破断后标距的长度，mm；

　　　A_0——拉伸试样原始断面积；mm^2；

　　　A_k——拉伸试样破断处的断面积，mm^2。

三、实验设备及材料

（1）万能材料实验机、轧机；

（2）游标卡尺；

（3）低碳钢圆柱形压缩试样、铝合金厚板材车制试样、低碳钢圆柱形拉伸试样。

四、实验方法及步骤

（一）金属塑性变形实验

（1）压缩变形实验：测量低碳钢的压缩程度并绘出压缩后试样破坏的外

形图。

1）检查试样两端粗糙度及平行度；

2）测量试样直径 D_0 和高度 H_0；

3）估计试样破坏时的最大载荷，选择合适的测量范围；

4）调节实验机零点；

5）将试样放在支撑座上，并加以垫块，注意对准中心，防止偏心；

6）开机，缓缓加载，直到宏观上出现第一条裂纹，然后停止压缩变形，终止实验，测量试样压缩后的高度 H_k；

7）整理数据，计算压缩程度，绘出试件破坏后的外形草图。

（2）板材轧制实验：计算轧制压下量 ΔH、压下率 ε、延伸系数 λ、压下系数 η 和宽展 Δb，并观察轧制实验过程中试样的变化规律，解释变形后出现的现象。实验具体步骤如下：

1）测量原始板材的尺寸，长度 L_0、宽度 B_0 和高度 H_0；

2）启动轧机，调整辊缝间距；

3）将试样板材正确地摆放到两轧辊前，轧辊咬进板料进行轧制变形；

4）停机，测量轧后板材的尺寸，长度 L_k、宽度 B_k 和高度 H_k；

5）整理数据，计算相应的压下量、压下率、延伸系数、压下系数和宽展系数；

（二）力学性能测试实验

测定金属的伸长率 δ 和断面收缩率 Ψ，确定材料的比例极限 $\sigma_{0.2}$、屈服极限 σ_s、强度极限 σ_b 和弹性模量 E，观察拉伸试样破坏后断口的形貌。具体骤如下：

（1）原始尺寸测量，测量试样直径 D_0，确定标距 L_0；

（2）根据试样的负荷和变形水平，相应地设定实验机的量程范围；

（3）快速调节上下头的距离，安装试样并确保上下对中，安好应变片；

（4）设定加载速度，开机加载观察试验现象，直到试样破坏，停止试验；

（5）停机，卸下试样，采集试验数据，测量试样端口处截面直径 D_k、拉伸后试样标距的长度 L_k；

（6）整理数据，计算伸长率和端口收缩率，并观察断口形貌。

五、实验报告要求

（1）记录实验数据，计算各种指标；

（2）描述压缩和轧制过程，解释验过程中 1~2 个现象；

（3）详细观察实验设备，简述设备的组成及工作原理。

实验 44　金属材料塑性成型创新设计型实验

一、实验目的

（1）了解金属材料塑性成型方法、优缺点、应用领域等；

（2）结合掌握相关专业知识自主设计一种加工金属制品的塑性成型方法组合；

（3）锻炼学生的创新能力和解决实际问题能力。

二、实验原理

金属塑性加工的种类很多，根据加工时工件的受力和变形方式，基本的塑性加工方法有锻造、轧制、挤压、拉拔、拉伸、弯曲、剪切等几类。其中，锻造、轧制和挤压是依靠压力作用使金属发生塑性变形；拉拔和拉深是依靠拉力作用发生塑性变形；弯曲是依靠弯矩作用使金属发生弯曲变形；剪切是依靠剪切力作用产生剪切变形或剪断。锻造、挤压和一部分轧制多半在热态下进行加工；拉拔、拉伸和一部分轧制，以及弯曲和剪切是在室温下进行的。

（1）锻造：靠锻压机的锻锤锤击工件产生压缩变形的一种加工方法，有自由锻和模锻两种方式。自由锻不需专用模具，靠平锤和平砧间工件的压缩变形，使工件镦粗或拔长，其加工精度低，生产率也不高，主要用于轴类、曲柄和连杆等单件的小批量生产。模锻通过上、下锻模模腔拉制工件的变形，可加工形状复杂和尺寸精度较高的零件，适于大批量的生产，生产率也较高，是机械零件制造上实现少切削或无切削加工的重要途径。

（2）轧制：通过两个或两个以上旋转轧辊间的轧件产生压缩变形，使其横断面面积减小与形状改变，而纵向长度增加的一种加工方法。根据轧辊与轧件的运动关系，轧制有纵轧、横轧和斜轧三种方式。

1）纵轧。两轧辊旋转方向相反，轧件的纵轴线与轧辊轴线垂直，金属不论在热态或冷态都可以进行纵轧，是生产矩形断面的板、带、箔材，以及断面复杂的型材常用的金属材料加工方法，具有很高的生产率，能加工长度很大和质量较高的产品，是钢铁和有色金属板、带、箔材以及型钢的主要加工方法。

2）横轧。两轧辊旋转方向相同，轧件的纵轴线与轧辊轴线平衡，轧件获得绕纵轴的旋转运动。可加工加转体工件，如变断面轴、丝杆、周期断面型材以及钢球等。

3) 斜轧。两轧辊旋转方向相同，轧件轴线与轧辊轴线成一定倾斜角度，轧件在轧制过程中，除有绕其轴线旋转运动外，还有前进运动，是生产无缝钢管的基本方法。

（3）挤压：使装入挤压筒内的坯料，在挤压筒后端挤压轴的推力作用下，使金属从挤压筒前端的模孔流出，而获得与挤压模孔形状、尺寸相同产品的一种加工方法。挤压有正挤压和反挤压两种基本方式。正挤压时挤压轴的运动方向与从模孔中挤出的金属流动方向一致；反挤压时，挤压轴的运动方向与从模孔中挤出的金属流动方向相反。挤压法可加工各种复杂断面实心型材、棒材、空心型材和管材。它是有色金属型材、管材的主要生产方法。

（4）拉拔：靠拉拔机的钳口夹住穿过拉拔模孔的金属坯料，从模孔中拉出，而获得与模孔形状、尺寸相同产品的一种加工方法。拉拔一般在冷态下进行。可拉拔断面尺寸很小的线材和管材。如直径为 0.015mm 的金属线，直径为 0.25mm 管材。拉拔制品的尺寸精度高，表面光洁度极高，金属的强度高（因冷加工硬化强烈）。可生产各种断面的线材、管材和型材，广泛用于电线、电缆、金属网线和各种管材生产上。

（5）拉深（又称冲压）：依靠冲头将金属板料顶入凹模中产生拉延变形，而获得各种杯形件、桶形件和壳体的一种加工方法。冲压一般在室温下进行，其产品主要用于各种壳体零件，如飞机蒙皮、汽车覆盖件、子弹壳、仪表零件及日用器皿等。

（6）弯曲：在弯矩作用下，使板料发生弯曲变形或使板料或管、棒材得到矫直的一种加工方法。

（7）剪切：坯料在剪切力的作用下产生剪切，使板材冲裁，以及板料和型材切断的种常用加工方法。

为了扩大加工产品品种，提高生产率，随着科学技术的进步，相继研究开发了多种由基本加工方式相组合而成的新型塑性加工方法。如轧制与铸造相结合的连铸连轧法、锻造与轧制相结合的辊锻法、轧制与弯曲相结合的辊变成型法、轧制与剪切相结合的搓轧法（异步轧制法）、拉深与轧制相结合的旋压法等。

为使金属工件具有所需要的力学性能、物理性能和化学性能，除合理选用材料和各种成型工艺外，热处理工艺往往是必不可少的。金属热处理是将金属工件放在一定的介质中加热到适宜的温度，并在此温度中保持一定时间后，又以不同速度冷却的一种工艺方法。金属热处理是材料科学中的重要工艺之一，与其他加工工艺相比，热处理一般不改变工件的形状和整体的化学成分，而是通过改变工件内部的显微组织，或改变工件表面的化学成分，赋予或改善工件的使用性能。其特点是改善工件的内在质量，大体来说，它可以保证和提高工件的各种性能，如耐磨、耐腐蚀等，还可以改善毛坯的组织和应力状态，以利于进行各种冷、热加工，而这一般不是肉眼所能看到的。

金属热处理工艺大体可分为整体热处理、表面热处理、局部热处理和化学热处理等。根据加热介质、加热温度和冷却方法的不同，每一大类又可区分为若干不同的热处理工艺。同一种金属采用不同的热处理工艺，可获得不同的组织，从而具有不同的性能。钢铁是工业上应用最广的金属，而且钢铁显微组织也最为复杂，因此钢铁热处理工艺种类繁多。

一般来说，整体热处理是最常用也是最基本的金属热处理工艺。整体热处理是对工件整体加热，然后以适当的速度冷却，以改变其整体力学性能的金属热处理工艺。钢铁整体热处理大致有退火、正火、淬火和回火四种基本工艺，俗称热处理工艺中的"四把火"。

三、实验设备及材料

（1）挤压机、轧制机、锻压机、拉拔机等普通金属材料加工设备（可根据具体实验条件选择合适设备）；

（2）切割机、电阻加热炉、退火炉等；

（3）铝合金、镁合金、钢铁（自选）。

四、实验方法及步骤

（1）查阅资料，确定材料加工工艺，包括塑性成型工艺和热处理工艺。

（2）选取材料类型（钢铁、铝合金、镁合金、钛合金等）、材料形状类型（管、棒、型、线材）、设备类型（挤压机、轧制机、锻压机、拉拔机等）。

（3）准备材料、设备和仪器。

（4）按照制定的工艺进行试验。

（5）观察试验现象，分析并讨论试验结果。

（6）写出详细的实验报告。

现举例设计一种金属材料塑性成型工艺组合，以给读者范例。

加工 6061 铝合金为棒材：6061 铸锭规格为 $\phi96mm \times 600mm$，加工成棒材的规格为 $\phi16mm$，工艺流程如图 44-1 所示。

6061 棒材生产相关制度：挤压温度 450℃，淬火温度 525~530℃，淬火保温时间 100min，水淬，冷拉变形量 7%，人工时效温度 160℃，时效时间 10h。

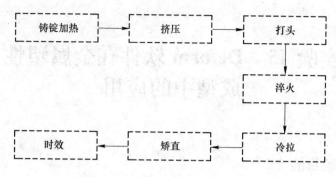

图 44-1　6061 铝合金棒材生产工艺流程

五、实验报告要求

（1）在设计该实验前要查阅大量资料，实验报告中应记录所查阅的资料，并注明参考文献；

（2）画出生产工艺流程图，给出详细的相关制度，并说明制定各种制度的依据（参考相关资料）；

（3）写出通过本创新设计型实验后所获得的心得。

实验 45　Deform 软件在金属塑性成型中的应用

一、实验目的

(1) 了解认识 Deform 软件的窗口界面；

(2) 掌握利用 Deform 有限元建模的基本步骤；

(3) 学会对 Deform 模拟的数据进行分析；

(4) 认识锻压过程中材料各部位的变形情况。

二、实验原理

Deform 是一套基于有限元的工艺仿真系统，用于分析金属成型及其相关工业的各种成型工艺和热处理工艺。通过在计算机上模拟整个加工过程，帮助工程师和设计人员设计工具和产品工艺流程，减少昂贵的现场试验成本；提高工模具设计效率，降低生产和材料成本；缩短新产品的研究开发周期。

Deform 功能主要有以下几个方面：

(1) 成型分析。冷、温、热锻的成型和热传导耦合分析。丰富的材料数据库，包括各种钢、铝合金、钛合金和超合金。用户定义材料数据库允许用户自行输入材料数据库中没有的材料。

提供材料流动、模具填充、成型载荷、模具应力、纤维流动、缺陷形成和韧性破裂等信息。刚性、弹性和热塑性材料模型，特别适合用于大变形成型分析。弹塑性材料模型适用于分析粉末冶金成型。完整的成型设备模型可以分析液压成型、锤上成型、螺旋压力成型和机械压力成型。

用户自定义子函数时允许用户使用自己的材料模型、压力模型、破裂准则和其他函数。网格划线和质点跟踪可以分析材料内部的流动信息及各种场景分布。温度、应变、应力、损伤及其他场变量等值线的绘制使后处理简单明了。自我接触条件及完美的网格再划分使得在成型过程中即便形成了缺陷，模拟也可以进行到底。多变形体模型允许分析多个成型工件或耦合分析模具应力。基于损伤因子的裂纹萌生及扩展模型可以分析剪切、冲裁和机加工过程。

（2）热处理分析。模拟正火、退火、淬火回火、渗碳等工艺过程，预测硬度、晶粒组成成分、扭曲和含碳量。可以输入顶端淬火数据来预测最终产品的硬度分布，并分析各种材料金相。

（3）综合分析。Deform 用来分析变形、传热、热处理、相变和扩展之间复杂的相互作用。拥有相应的模块以后，这些耦合效应将包括：由于塑性变形功引起的升温、加热软化、相变控制温度、相变内能、相变塑性、相变应变、应力对相变的影响以及含碳量对各种材料属性产生的影响等。

三、实验设备及材料

（1）Deform 有限元软件；

（2）CAD 软件。

四、实验方法及步骤

前处理器界面见图 45-1，主要包括 3 个子模块：（1）数据输入模块，便于数据的交互式输入，如初始速度场、温度场、边界条件、冲头行程及摩擦系数等初始条件；（2）网格的自动划分与自动再划分模块；（3）数据传递模块，当网格重划分后，能够在新旧网格之间实现应力、应变、速度场、边界条件等数据的传递，从而保证计算的连续性。

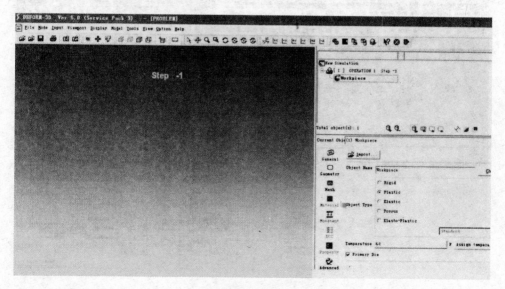

图 45-1 前处理器界面

　　模拟器界面见图 45-2。真正的有限元分析过程是在模拟处理器中完成的，Deform 运行时，首先通过有限元离散化将平衡方程、本构关系和边界条件转化为非线性方程组，然后通过直接迭代法和 Newton-Raphson-法进行求解，求解的结果以二进制的形式进行保存，用户可在后处理器中获取所需要的结果。

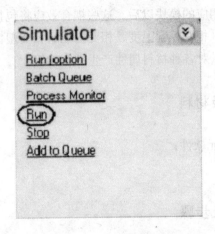

图 45-2　模拟器界面

　　模拟后处理器界面见图 45-3。后处理器用于显示计算结果，结果可以是图形形式，也可以是数字、文字混编形式，获取的结果可为每一步的有限元网格，等效应力、等效应变，速度场、温度场及压力行程曲线等。

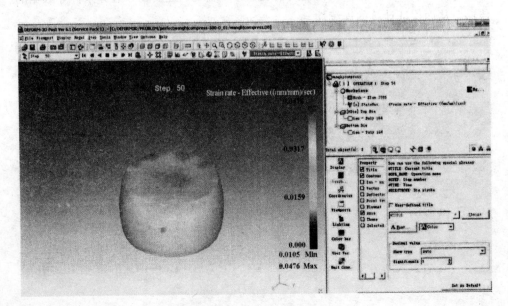

图 45-3　Deform 模拟后处理器界面

（一）模型导入

模型建立：首先使用三维建模软件建立自己需要的模型，保存格式选择 STL、GEO、PDA、UNV、IGS 格式中的一种，最常用的是 STL 格式文件。根据不同的建模软件保存格式会有所不同。将建立好的模型文件保存到 Deform 的安装路径下的 Problem 文件夹下面，并建立文件夹存放（也可以存放别处）。值得注意的是，由于该软件不支持中文，因此文件夹及其模型文件名字中不能出现中文，否则无法读取。

模型导入：打开 Deform 软件，在新建问题时选择你已经建立好的文件夹，进入前处理界面，首先需要导入的是工件，一般是变形体工件，因此系统默认的工件类型为塑性（Plastic）。点击按钮 ，然后点击按钮 ，导入模型文件。如果文件不在此文件夹内，此文件夹内，可另选文件夹导入模型，但导入路径中不得有中文出现，否则会出错。当工件导入完成之后，在显示窗口中会有工件模型出现。接下来导入模具模型，点击添加模型对象按钮 添加一个模型对象。系统默认的第一个模具名称为 Top Die，使用同样的方法导入模具对象。当有多个模具时继续点击按钮 添加模型对象并导入模型文件。

另外，如果需要可以修改模型名称。可以点击 General 按钮，然后在 Object Name 对话框中修改模型名字，然后回车或点击 Change 按钮即可修改同样，模型的名称中一样不能出现中文字符。

（二）网格划分

当所需要的模型全部导入后，单击模型列表中的工件，然后点击 Mesh 按钮对工件进行网格划分。网格划分有两种方式，一种是用户指定单元数量，系统默认划分方式，另一种是手动划分网格方式。点击 Mesh 按钮之后，在 Detailed Settings 里面可以修改划分方式。还有一点需要说明的是，用户指定的网格单元数量只是网格划分的上限约数，实际划分的网格单元数量不会超过这个值。用户可以通过拖动滑块修改网格单元数，也可以直接输入指定数值。该数值和系统计算时间有着密切的关系，该数值越大，所需要的计算量越大，计算时间就越长。建议在练习阶段设置 3000~5000 即可，不要将网格划分得过多，除非模型很大，或精度要求很高。

另一种手动设置网格使用的是 Detailed Settings 下的 Absolute 方式，该方式允许用户指定最小或最大的网格尺寸和最大与最小网格尺寸的比值。该值设置完成在网格单元数量中可以看到网格的大概数目，但无法在那里修改，只能通过修改最大或最小单元尺寸来修改单元数目。

设置完成之后直接点击 Generate Mesh 按钮生成网格单元。

注释：对于仅仅是 Deformation 模拟刚性对象是无法划分网格的，如果有热模拟，则可以对刚性模具划分网格，而且有必要划分网格（个人实践认为，如果对模具没有划分网格，则产生的变形热将全部被工件吸收，造成工件温度急剧上升）。

如果对工件进行划分网格之后觉得网格太多或计算时间过长，则可以通过 Manual Remesh 下面的 Delete Mesh 按钮删除以前划分好的网格。这时所加的材料信息将会丢失，需要再次添加材料。这里推荐使用修改网格设置后直接点击 Generate Mesh 按钮，然后点击弹出警告信息 YES 按钮，重新划分网格。

（三）材料添加

只有在完成网格划分之后工件才能添加材料。点击 Material 按钮，选择你需要的材料，然后点击 Assign Material 按钮为你的工件指定材料。需要说明的是，材料库使用的标准有些和我们常用的标准一样，但很多和我们所采用的材料标准不同，这里就作者所了解的钢进行一点说明。其中材料库中名称为 AISI 开头的为美国标准，DN 开头的为德国标准，JIS 开头的为日本标准。这些标准和国标有些近似对应关系，具体对应关系可在网上查找或查找相关手册。

最后需要说明的是，材料名字后面带有温度的材料是该材料在此温度范围内使用，材料库中有其对应的流动应力。

（四）模型定位

当网格划分、材料定义完成之后就需要对模型进行定位了，也可以称为装配。如果在模型建立阶段就定位好模具和工件之间的位置，这里就不需要设置了。

首先点击对象定位按钮 ，位置设置按钮依次为 Mousedriven、Drop、Offet、Inter-ference、Rotational、Advance。在使用任何方式之前都需要在 Positioning Object 对话框中选择你要移动的对象。

Mouse driven：使用此按钮可以手动调节模型的位置，但是缺点是无法完成精确定位。优点是移动方便，鼠标点到哪个方向，模型就可以向哪个方向移动，但很少用。

Drop：使用该按钮可以对选中的对象下落到指定方向上的另一个对象上。

Offset：这个是最常用的按钮，使用该按钮可以让所选对象按照指定的方向移动到指定的位置。在指定位置时，第一个框中为 X 方向的位移，其次为 Y 方向，如果使用 $-X$ 方向，只要在 X 方向上填写一个负数即可。

Interference：干涉移动，指的是在移动一个对象时，使用另外一个对象作为参考，让两个物体产生一定的干涉接触。但也可以设置干涉量为 0，即接触但不干涉。其中的方向是参考对象在需要移动的物体的哪个方向，也就是要移动的物体趋近参考对象的方向。塑性体在没有划分网格时不可作为参考对象。

Rotational：旋转对象，可以按照指定的角度旋转所选的对象。需要指定旋转轴和旋转中心，旋转中心默认为（0，0，0），在必要时可以修改。这里需要说明的是旋转角度是以逆时针为正，还是以顺时针为正。而且以旋转轴指向用户来判断。

Advance：限于作者水平不高，这里就略去了。希望有高手来完成。不过这个按钮使用情况不多。

最后值得说明的就是，在设置对象的移动后，需要点击 Apply 按钮，否则对象不发生移动。还有，当你点击应用按钮，对象已经发生了移动，但还没有点击 OK 退出定位界面对话框时，点击 Cancel 按钮可以撤销对象的移动。

（五）接触关系定义

在完成处理操作之前，这一步不能缺少点击按钮，进入对象关系设置界面，一般设置模具与工件之间的摩擦系数，以及工件与模具之间的热传导系数。在摩擦系数设置里面，有两种摩擦条件可以选择，一种是剪切摩擦，一种是库仑摩擦（剪切摩擦力大小与最大剪应力成正比，而库仑摩擦力大小与物体间的正压力大小成正比）。

（六）模拟控制设置

这一步的设置对于模拟也起到至关重要的作用，设置的不同会影响到模拟结果的好坏。首先讨论步数的设置，一般认为步长设置为工件网格单元最小尺寸的 $1/5 \sim 1/3$ 左右，尽量设小不设大。因为在计算模拟的时候，增量步代表模具每次压下工件的距离或工件变形的程度，当工件变形程度过大的时候，网格单元就发生较大的变化，网格形状就会变坏，造成单元畸变。在有限元网格中，较好的单元形式为锐角三角形，较差的就是钝角三角形。当增量步设置较大的时候，工件网格三角形就会大量地变为钝角三角形，也就是单元恶化或变坏。

单元最小尺寸可以通过标尺来测量，也可以通过查看工件的网格看 Detail Settings 里面的最小网格尺寸。总步数的设置可以通过计算得到，假如模具的位移为 M，增量步为 X，则总步数 N 应为 $N = M/X$。如果选择时间（Y 秒）作为增量步，则需要根据模具速度（V）来计算相当于多少增量步长。即 $N = M/Y$。一般需要多设几步来避免计算误差造成步数不足。

如果知道模具需要移动的距离，则可以在 Stop 中设置模具停止的条件，这样就可以在步数里面设置足够多的步数，当模具到达设置的位移后会自动停止运行。Stop 的设置一般以主模具的位移作为参考。

（七）数据文件生成

这可以说是前处理的最后一步设置了，首先点击按钮 打开数据文件生成视窗。在数据文件生成之间最好是点击一下 Check 按钮，检查前面的前处理工作是否有遗漏之处。如果发现遗漏就必须返回修改问题。如果数据文件能够生成，则以蓝色字体显示 Database can be generate。如果出现严重问题，则会显示 Database can't be generate 并以灰色显示。出现的警告信息以"?"开头显示，出现了错误信息则以"！"开头显示。很多都是以简写的方式显示出现问题的原因，所以如果能够了解各个错误信息的简写对错误处理很有帮助。

（八）保存前处理设置

当前期工作完成之后，可以认真检查一下各个参数的设置，也可以直接生成数据文件并退出前处理，这里建议先保存一下 Key 文件，然后再生成数据文件。或者生成数据文件之后再保存 Key 文件，这样你的设置就被记录在 Key 文件中。

（九）启动模拟计算器

这一步是最简单的事情了，只要点击一下主程序窗口中的运行按钮 ▶，或者点击 Simulator 下面的 Run（option）按钮，都可以起动模拟计算。在程序开始计算后所运行的文件名字上会显示 Running，其所对应的 DB 文件也会显示 Running 或 Remeshing，后者表示在重划分网格。如果使用 Run（option）按钮起动的模拟计算，程序启动后可以点击 Close 关闭 Run（option）界面。程序运行阶段可以通过 Message 信息窗口来观察运行状况。也可以通过 Dos 窗口下显示的内容看到程序运行状况是否良好。如果想中途停止程序来观察运行的效果，可以使用 Simulator 下面的 Stop 选项，也可以点击停止按钮 ■来结束正在运行的程序，这时所运行的程序文件名字上面显示 Aborting（放弃）。但是程序一般不会立即停止，它会把内存中的数据写入到文件保存，这可能需要等待一段时间，如果想要立即停止，可以使用关闭 Dos 窗口，或者选择 Simulator 下面的 Process Monitor 进程管理器，并选择打开界面上的 Abort Immediately（即放弃）选项。如果选择了立即停止，则原来的 DB 文件名字将会变成 Forg3，没有后缀。你可以通过手动修改该文件名字为原来的文件名字即 *.DB，也可以打开主程序之后根据系统提示是否将 ** 文件更名为 **.DB，接受建议即可。

（十）后处理操作

后处理是我们做模拟所需要得到的最后结论，也是验证我们的模拟成功与否的关键。当模拟计算结束之后，这时点击 Post Processor 后处理选项，即点击中的 DE-

FORM—3D Post 选项，这时就可以打开后处理界面。系统默认的后处理显示窗口模型视角为等轴侧视图，该方向利于三维模型的观察。你可以根据需要调整适当的视角让模型更有利于自己的观察。 这几个按钮分别为：跳到第一步，先后一步，向后步步演示，停止，向前步步演示，向前一步，跳到最后一步。可以通过向前步步演示看到模拟运行情况。但更多的是需要形成图表或曲线图，这可以通过点击 来实现。其中 X 轴可以选择位移或时间，Y 轴可以选择各个方向的力、速度等参数。

五、实验报告要求

（1）简单介绍 Deform 软件的在金属塑性加工中的应用；

（2）叙述 Deform 软件模拟过程；

（3）试选一种变形方式进行 Deform 模拟，并详细地记录模拟的各个步骤、各种参数设置以及各种后处理结果。

参 考 文 献

[1] 祖国胤，丁桦．材料现代研究方法实验指导书 [M]．北京：冶金工业出版社，2012.

[2] 潘清林．材料现代分析测试实验教程 [M]．北京：冶金工业出版社，2011.

[3] 潘清林，孙建林．材料科学与工程实验教程 [M]．北京：冶金工业出版社，2011.

[4] 李慧中．金属材料塑性成形实验教程 [M]．北京：冶金工业出版社，2011.

[5] 米国发．材料成形及控制工程专业实验教程 [M]．北京：冶金工业出版社，2011.

[6] 李胜利．材料加工技术实验与测试技术 [M]．北京：冶金工业出版社，2010.

[7] 赵刚，胡衍生．材料成型及控制工程综合实验指导书 [M]．北京：冶金工业出版社，2008.

[8] 葛利玲．材料科学与工程基础实验教程 [M]．北京：机械工业出版社，2008.

[9] 吴润，刘静．金属材料工程实践教学综合实验指导书 [M]．北京：冶金工业出版社，2008.

[10] 崔忠圻，谭耀春．金属学与热处理 [M]．北京：机械工业出版社，2007.

[11] 任怀亮，金相实验技术 [M]．北京：冶金工业出版社，2004.

[12] 邹贵生．材料加工系列实验 [M]．北京：清华大学出版社，2005.